AF389877

Cours

DE

COSMOGRAPHIE.

BOURGES, DE L'IMPRIMERIE DE G. L. MÉNAGÉ.

COURS

DE COSMOGRAPHIE,

A L'USAGE

DES COLLÉGES ROYAUX ET COMMUNAUX, DES ÉCOLES SECONDAIRES
ET DES ÉCOLES NORMALES PRIMAIRES,

Rédigé d'après le Programme de l'Université

PAR MM. PLANCHE ET CHRISTIAN,

PROFESSEURS DE MATHÉMATIQUES SPÉCIALES AUX COLLÉGES ROYAUX
D'ORLÉANS ET DE BOURGES.

PREMIER SEMESTRE.

PARIS,

CHEZ BACHELIER, QUAI DES AUGUSTINS, 55.

1837.

PRÉFACE.

L'Astronomie, science d'observation et de calcul, a été trop long-temps le domaine exclusif d'un petit nombre d'hommes spéciaux qui continuaient les recherches savantes de leurs devanciers : elle mérite d'attirer l'attention de tout homme qui veut s'instruire. En effet, elle a fixé les époques de nos saisons ; elle sert de guide au navigateur au milieu de l'Océan ; elle apprend au géographe à faire une description exacte de notre globe ; elle donne une haute idée de l'intelligence humaine, en nous montrant les distances immenses que l'homme a mesurées et qu'il a, pour ainsi dire, franchies pour mesurer ensuite et peser des corps incomparablement plus gros que la terre ; en nous faisant connaître le principe de la gravitation universelle que Newton a démontré et qui s'applique avec une précision si merveilleuse au mouvement de tous ces corps. Enfin, l'Astronomie, en nous decouvrant l'immensité de l'univers et la régularité admirable du mouvement des astres, nous élève à des idées religieuses par le spectacle de la grandeur et de la perfection de la création.

L'université, en introduisant l'étude de l'astronomie dans les colléges, rend un service signalé à l'enseignement public. En adoptant un nom plus modeste pour cette science, et surtout en la destinant à des élèves dont les études mathématiques ne sont pas encore bien avancées, elle oblige ceux qui l'enseigneront à la rendre très-élémentaire.

Ne voulant imposer à l'esprit des jeunes gens aucune vérité que des développemens pouvaient rendre sensible, nous avons démontré tout ce qu'il est possible de déduire comme conséquence des données de l'observation; substituant souvent au procédé de l'astronome un procédé moins parfait, mais plus élémentaire et propre à faire comprendre la possibilité d'arriver au résultat cherché.

Nous avons senti l'importance de l'unité dans l'enseignement; et c'est ce qui nous a engagés à suivre pas à pas le programme arrêté par le conseil royal, et tracé par une main habile.

Nous avons puisé dans les ouvrages de MM. Biot et Francœur. Si l'*Astronomie physique* du premier n'était pas trop savante pour ceux à qui nous nous adressons, et si l'*Uranographie* du second, quoique plus élémentaire, n'avait pas l'inconvenient de ne pas suivre le programme, nous n'aurions peut-être pas fait paraître cet ouvrage.

Nous avons mis à la fin du livre une table où se trouvent par n^{os} toutes les questions du cours, pour que le lecteur, qui en aura étudié une partie, puisse la reproduire ou la rédiger plus facilement.

DE GÉOMÉTRIE.

LES connaissances mathématiques qu'on regarde ordinairement comme indispensables à l'étude de l'astronomie sont : la géométrie élémentaire, un peu d'algèbre, la trigonométrie et les principales propriétés des sections coniques. Cependant, avec les deux premiers livres de la géométrie de Legendre, un petit nombre de propositions des autres livres et quelques notions sur les sections coniques, on est en état de comprendre ce petit traité de cosmographie.

Nous indiquerons d'abord les parties de la géométrie de Legendre en dehors des deux premiers livres qu'il faut connaître : *la mesure des surfaces des polygones, les triangles et en général les figures semblables, le moyen pratique de trouver la circonférence et la surface d'un cercle dont on connaît le rayon, les propriétés des droites perpendiculaires aux plans et des plans perpendiculaires entr'eux, la mesure des dièdres, les définitions et la première proposition du septième livre.*

Nous donnerons ensuite les notions qui ne se trouvent pas dans les traités élémentaires de géométrie.

Nous appellerons *cône droit* la surface engendrée par une ligne droite qui tourne autour d'une droite fixe qu'elle rencontre en un point, en faisant avec elle dans son mouvement un angle constant.

Le point fixe s'appelle *sommet* ou *centre du cône*. La droite qui tourne est la *génératrice;* et l'angle constant est le *demi-angle du cône*.

Comme on suppose la génératrice prolongée de chaque côté du sommet, la surface a deux parties bien distinctes séparées l'une de l'autre par le sommet. On nomme ces deux parties *les deux nappes* de la surface conique.

ELLIPSE. On appelle *ellipse* une courbe plane telle que la somme des distances de chaque point à deux points fixes intérieurs est égale à une ligne donnée. Les deux points fixes s'appellent *foyers*. Ainsi la courbe $ACBD$ sera une ellipse, si pour chacun des points tels que G la somme $GF + GF'$ est égale à la ligne donnée MN (fig. 1re), et les deux points F et F'' sont les deux foyers.

Les données nécessaires à la construction de la courbe sont les deux foyers F et F' et la distance MN.

Un point quelconque G de la courbe et les deux foyers F, F' déterminent un triangle dans lequel on a $FF' < FG + GF'$ ou $FF' < MN$.

CONSTRUCTION DE L'ELLIPSE PAR POINTS. On se donne les deux foyers F, F' et la distance MN, et on se propose de construire autant de points de l'ellipse qu'on voudra. Nous commencerons par les points qui sont sur la ligne des foyers et sur la perpendiculaire élevée sur le milieu de cette ligne. Je partage FF' en deux parties égales par la perpendiculaire COD, et je prends, à partir du point O, les lignes OA, OB

égales chacune à la moitié de MN : les deux points A et B sont deux points de la courbe. En effet, on a $FA = OA + FO$ et $F'A = OA + F'O$. Ajoutant et réduisant, on a $FA + F'A = 2OA - MN$. Donc le point A est un point de la courbe. On démontrerait la même chose pour le point B.

Ensuite du point F, comme centre avec la moitié de MN comme rayon, je décris un cercle qui coupe CD en deux points C et D qui sont aussi deux points de la courbe. En effet, joignant CF et CF', on a deux obliques égales dont chacune est la moitié de MN et dont la somme est égale à MN. Donc le point C est un point de la courbe ; même démonstration pour le point D. Les quatre points A, B, C, D sont dits les quatre *sommets* de la courbe.

Maintenant je prends un point P entre le point F et le point F', et du point F comme centre avec PB comme rayon, et du point F' avec PA je trace deux cercles qui se rencontrent aux points G et H, symétriques par rapport à la ligne des centres FF'. Les deux points G et H sont deux points de la courbe. On conçoit qu'on pourra construire ainsi autant de points et aussi rapprochés les uns des autres qu'on voudra ; joignant ensuite tous ces points par une ligne continue, on aura la courbe avec une exactitude suffisante.

Remarque. Pour aller plus vîte dans la construction de la courbe, ou pourra, après avoir construit les points G et H, décrire du point F' comme centre avec PB comme rayon, et du point F avec PA deux autres cercles qui se rencontreront en deux points I et K, et donneront deux autres points de la courbe.

On appelle *axe* d'une courbe une droite qui coupe cette courbe en deux parties symétriques.

La construction de l'ellipse fait voir que la ligne AB est un axe de cette courbe. Il n'est pas difficile de déduire de la remarque précédente que la ligne CD est aussi un axe de la courbe.

On appelle *centre* d'une courbe un point tel que toute droite passant par ce point et terminée de part et d'autre à la courbe, est divisée en deux parties égales à ce point.

Le point O est le centre de l'ellipse. En effet, si l'on joint GO, et qu'on prolonge d'une longueur OK égale à OG, le point K sera un point de la courbe; puisque les points G et K joints aux points F et F' donnent un quadrilatère dans lequel les diagonales se coupent mutuellement en parties égales, et de l'égalité des triangles FOG, $F'OK$ et des triangles $F'OG$, FOK on déduit $FG = F'K$ et $F'G = FK$. Donc $F'K + FK = FG + F'G = MN$. Donc le point K est aussi un point de la courbe.

Une droite KG, passant par le centre de l'ellipse, sera toujours moindre que l'axe AB. En effet, on a $KG < KF + GF$ ou $KG < GF' + GF$, ou enfin $KG < AB$.

On démontre aussi d'une manière un peu moins élémentaire que KG est plus grand que CD.

AB est appelé le grand axe de l'ellipse, et CD le petit axe.

La ligne FA est la plus grande distance du point F à la courbe. En effet, on a $FG < FO + OG$ et comme $OG < OA$, on aura à plus forte raison $FG < FO + OA$ ou $FG < FA$, ce qu'il fallait démontrer.

De plus, comme $FG + F'G = FA + F'A$, si FG est plus petit que FA, il en résulte $F'G > F'A$.

On démontrera de la même manière que $F'B$ est la plus longue distance du point F' à la courbe, et FB la plus courte. Ainsi, en ne parlant que de ce qui est relatif au foyer F, on dira que FA est la plus longue distance du point F à la courbe, et FB la plus courte.

Voici la manière de construire la courbe d'un mouvement

continu. On attache aux deux foyers F et F' les deux extrémités d'un fil de la longueur de MN, ou du grand axe; on tend le fil au moyen d'un crayon qui aura pour première position G, par exemple; on fait glisser le crayon dans le fil, de manière que celui-ci reste toujours tendu; et le crayon tracera sur le papier l'arc $AGCB$. Puis, en faisant passer le fil de l'autre côté de la ligne des foyers, on tracera l'autre partie $AHDB$.

HYPERBOLE. On appelle *hyperbole* une courbe plane, telle que la différence des distances d'un point quelconque G (fig. 2) de cette courbe à deux points F et F' appelés *foyers*, est égale à une ligne donnée MN.

Le triangle FGF' donne $FF' > FG - GF'$ ou $FF' > MN$.

On déterminera les points A et B qui sont sur la ligne des foyers, comme dans l'ellipse; et il n'est pas difficile de voir qu'il n'y a pas de points de la courbe sur la perpendiculaire CD élevée sur le milieu de FF'. Les deux points A et B sont les deux *sommets* de la courbe.

Enfin, en prenant un point P sur le prolongement de FF', et décrivant des points F et F' comme centres avec des rayons égaux à BP, AP, des arcs de cercles qui se rencontrent en des points G et H, ces points G et H seront des points de la courbe, et on en construira ainsi autant qu'on voudra.

Il n'est pas difficile de déduire de la construction de l'hyperbole que cette courbe est symétrique par rapport à la ligne des foyers et par rapport à la perpendiculaire élevée sur le milieu de cette ligne, et qu'elle est composée de deux *branches indéfinies*.

On démontrerait facilement aussi que le point o, milieu de la ligne des foyers, est *le centre de la courbe*.

PARABOLE. On nomme *parabole* une courbe plane dont chaque point G (fig. 3) est à égale distance d'un point F appelé *foyer*, et d'une droite donnée appelée *directrice*.

D'abord, si du foyer on abaisse une perpendiculaire FC sur la directrice, le point O milieu de FC est un point de la courbe.

Pour avoir d'autres points de la courbe, par le point P placé à droite du point O, j'élève une perpendiculaire GPH, et du point F comme centre avec PC comme rayon, je trace un cercle qui rencontre la droite GPH aux deux points G et H, et j'ai deux points de la courbe. On en aura ainsi autant qu'on voudra.

La construction de la parabole fait voir que cette courbe est symétrique par rapport à FC, et s'étend indéfiniment à droite du point O.

Le point O est le *sommet* de la courbe.

La parabole n'a point de centre.

Les trois courbes l'ellipse, l'hyperbole et la parabole que nous venons de définir et de construire, s'appellent *sections coniques ;* parce qu'en coupant un cône droit par un plan, on obtient une de ces trois courbes :

L'ellipse, lorsque le plan coupant rencontre toutes les génératrices du cône ; et dans ce cas toute la rencontre se fait dans une même nappe ;

L'hyperbole, lorsque le plan coupant est parallèle à deux génératrices ; et dans ce cas, il rencontre les deux nappes ;

La parabole, lorsque le plan coupant est parallèle à une seule génératrice ; et dans ce cas, il ne rencontre qu'une nappe de la surface.

N. B. Nous emploierons toujours l'ancienne division du cercle que nous rappellerons ici.

Le cercle se divise en quatre parties égales appelées qua-

drans ; chaque quadrant en 90 parties égales appelées degrés;
chaque degré en 60 parties égales appelées minutes ; chaque
minute en 60 parties appelées secondes.

Degré se désigne par °
Minute   par ′
Seconde   par ″

COURS

DE COSMOGRAPHIE.

CHAPITRE Ier.

Mouvement diurne du Ciel.

I.

LES ÉTOILES DÉCRIVENT, SANS CHANGER LEUR POSITION RELATIVE, DES CIRCONFÉRENCES PARALLÈLES, DONT LES CENTRES SONT SUR UNE MÊME LIGNE DROITE PERPENDICULAIRE A LEURS PLANS.

1. Si pendant une belle nuit d'hiver on suit la marche des étoiles, on verra que ces points brillants, en conservant leurs places relatives, changent de position par rapport à nous, et suivent un certain mouvement de translation dans le même sens; que d'un côté certaines étoiles, que d'abord nous n'apercevions pas, paraissent ensuite à l'extrémité de l'horizon, puis s'élèvent peu à peu, tandis que d'autres descendent, puis disparaissent de l'autre côté. On verra que dans cer-

taines parties du ciel les étoiles paraissent et disparaissent presqu'aussitôt ; que dans d'autres parties elles restent plus long-temps sur l'horizon, et que dans d'autres enfin, elles sont toujours visibles et semblent décrire de très-petits cercles. Pour peu qu'on suive avec attention tous ces mouvemens, on ne tardera pas à reconnaître qu'il y a un point du ciel immobile au milieu de ce mouvement général, et que tous les astres tournent autour d'une droite qui va de l'œil de l'observateur à un point du ciel qu'on ne peut pas encore déterminer rigoureusement.

2. Le mouvement dont nous venons de parler semble interrompu par la présence du soleil dont l'éclat nous empêche d'apercevoir les autres astres ; mais il y a des moyens de voir les étoiles en présence du soleil. Quand le ciel est sans nuage, en se plaçant dans un puits profond, ou dans une cave obscure, percée par en haut, et armé d'une bonne lunette, on peut voir les étoiles, pourvu qu'elles ne soient pas trop près du soleil. On a donc pu suivre leur cours, et on s'est assuré que le mouvement se continue le jour comme la nuit.

5. Comme le lendemain, presqu'à la même heure, les étoiles se lèvent aux mêmes places que la veille, on doit en conclure qu'elles passent par-dessous la terre, et qu'elles décrivent sous notre horizon le complément du cercle qu'elles ont commencé à décrire par-dessus ; et que l'opacité de la terre nous empêche de voir cette partie de leur cours.

4. Pour trouver la droite autour de laquelle tournent les astres, et mieux expliquer ce mouvement, nous commencerons par donner quelques définitions importantes.

La *verticale* d'un lieu est la direction du fil-à-plomb.

On appele *horizon* le plan perpendiculaire à cette droite, mené par le point où elle rencontre la terre. Ce plan se confond avec la surface des eaux tranquilles qui avoisinent le lieu. On suppose du reste ce plan prolongé jusque dans le ciel.

On appelle ce plan *horizon sensible*, pour le distinguer d'un autre plan dont il sera parlé plus tard, et que nous appellerons *horizon rationnel*.

Tout plan contenant la verticale s'appelle *plan vertical*.

5. Ces définitions posées, je suppose un observateur sur un terrein parfaitement horizontal. Il observe le point où une étoile se lève, et le point où la même étoile se couche; puis il divise en deux parties égales l'angle formé par les deux rayons visuels, menés de son œil aux deux points du lever et du coucher. Il verra que cette droite divise aussi en deux parties égales tout angle formé par les rayons visuels menés aux points de lever et de coucher d'une autre étoile quelconque.

6. Comme il est difficile d'avoir un terrein horizontal, même par approximation, voici le moyen que Delambre a imaginé pour construire cette droite, et faire les observations qui en dépendent. Concevez une balustrade horizontale construite sur une tour circulaire et plus élevée que tous les objets environnans. C'est cette balustrade qui va nous servir d'horizon. Au centre, enfonçons un piquet en terre dont le sommet soit au niveau de la balustrade, et plaçons notre œil au sommet du piquet. Le moment du lever d'une étoile aura lieu, lorsqu'elle commencera à paraître en s'élevant au-dessus de la balustrade, et le moment du coucher, lorsqu'elle disparaîtra derrière la balustrade. Nous viserons donc les deux points de lever et de coucher d'une même étoile, nous les marquerons sur la balustrade, nous diviserons l'arc compris en deux parties égales, nous joindrons le point de division avec le sommet du piquet, et nous obtiendrons la droite cherchée.

7. Si, suivant cette droite, on mène un plan vertical, et qu'on prolonge ce plan jusqu'à l'intersection du ciel, on remarque qu'un astre quelconque met autant de temps pour monter de l'horizon à ce plan, que pour descendre de ce plan à l'horizon, de l'autre côté. Ce plan partage donc en deux parties égales le cours de tous les astres; et par conséquent, lorsque le soleil est dans ce plan, on a le milieu du jour. Cette observation lui a fait donner le nom de *plan méridien*.

Pour obtenir un méridien commode pour nos observations, prenons un demi-cercle de métal, de même diamètre que la balustrade; faisons coïncider son diamètre avec la ligne que nous avons déterminée sur la balustrade; faisons tourner ce demi-cercle autour de son diamètre jusqu'à ce qu'il soit vertical, et fixons-le dans cette position : nous aurons un plan méridien. Une étoile sera dans le méridien, quand le demi-cercle la cachera à l'œil placé dans sa station; et une lunette dont une des extrémités serait fixée au sommet du piquet, et dont l'autre extrémité pourrait glisser le long du demi-cercle, serait un instrument très commode pour l'observation du passage des étoiles au méridien.

La ligne horizontale qui nous a servi à déterminer le plan méridien s'appele *méridienne*. Elle est l'intersection du méridien et de l'horizon.

8. Nous avons déjà observé que, dans certaines parties du ciel, les étoiles sont toujours au-dessus de l'horizon. Une étoile, située dans ces régions, passe deux fois au méridien. Le passage le plus haut s'appelle *passage supérieur*, et le plus bas, *passage inférieur*.

Une étoile quelconque met autant de temps à aller du passage inférieur au passage supérieur, que de celui-ci au passage inférieur.

9. Si l'on mène un rayon visuel de l'œil de l'observateur à

chacun des passages , et si l'on divise l'angle de ces deux rayons en parties égalés par une droite , cette droite sera la même , quelle que soit l'étoile qu'on ait considérée.

Rien n'est plus facile que de déterminer cette droite dans le cercle méridien que nous avons fixé sur la balustrade de Delambre. Pour cela , plaçant toujours notre œil au sommet du piquet , marquons les deux points du passage supérieur et du passage inférieur, divisons en deux parties égales l'arc compris entre ces deux points , et joignons le point de division avec le sommet du piquet : nous aurons la droite cherchée.

10. C'est autour de cette droite que se fait le mouvement général de révolution , qu'un premier coup d'œil nous a fait remarquer. En effet, prenons une lunette attachée à une tige qui lui soit perpendiculaire , dirigeons la tige suivant la droite trouvée , et fixons une étoile avec la lunette : nous verrons que , pour la suivre , il suffira de faire tourner la lunette autour de la tige , sans changer la direction de cette tige ; ou , en d'autres termes, la lunette décrira un plan perpendiculaire à la droite que nous avons fixée dans le méridien.

Supposons maintenant une lunette oblique à la tige , et fixons toujours celle-ci suivant la droite trouvée , nous verrons que , pour suivre une étoile , il faudra faire faire à la lunette un même angle avec la tige. En d'autres termes , la lunette décrira un cône droit autour de la droite fixée dans le méridien.

11. De cette double observation il résulte qu'une étoile, vue à la lunette perpendiculaire à la droite que nous avons fixée dans le méridien, décrit un cercle dont le plan est perpendiculaire à cette droite , et dont le centre est l'œil de l'observateur ; et qu'une étoile vue à la lunette oblique , étant un des points de la génératrice d'un cône droit dont l'axe est cette

même droite, décrit aussi un cercle qui lui est perpendiculaire, et dont le centre est sur la droite. Donc *les étoiles décrivent, sans changer leur position relative, des circonférences parallèles dont les centres sont sur une même ligne droite perpendiculaire à leurs plans.*

II.

SPHÈRE CÉLESTE. — AXE. — POLES. — ÉQUATEUR. — POINTS CARDINAUX. — ZÉNITH. — NADIR.

12. Quoiqu'il n'y ait peut-être pas deux étoiles également distantes de nous, cependant leur grand éloignement nous les fait paraître toutes à la même distance ; et elles nous produisent le même effet que si elles étaient attachées à tous les points d'une même sphère dont nous occupons le centre. Supposez, par exemple, une immense sphère transparente, menez des rayons visuels de votre œil à chacune des étoiles, et marquez les points où ces rayons rencontrent cette sphère ; supprimez ensuite les étoiles et remplacez-les par leur image sur le globe avec l'éclat dont elles brillent : cette sphère produira sur vos yeux le même effet que l'ensemble des étoiles, et, pour la facilité de la démonstration, nous admettrons toujours cette hypothèse ; de sorte qu'au lieu de dire l'ensemble de tous les corps célestes, nous dirons la *sphère céleste.*

13. La droite autour de laquelle se fait la révolution diurne s'appelle *axe de la sphère céleste,* ou *axe du monde.*

Les points suivant lesquels l'axe du monde perce la sphère céleste s'appellent *pôles du monde.* L'un de ces points est au-dessus de l'horizon, et l'autre au-dessous. Pour un spectateur placé en Europe, le pôle qui est au-dessus de l'horizon s'appelle *pôle nord, boréal,* ou *arctique ;* et l'autre s'appelle *pôle sud, austral,* ou *antarctique.*

Si, par l'œil de l'observateur, on mène un plan perpendiculaire à l'axe, ce plan coupera la sphère céleste, suivant un grand cercle qui la divise en deux hémisphères, et qu'on appelle *équateur céleste*.

L'hémisphère qui contient le pôle boréal s'appelle *hémisphère boréal*, et l'autre s'appelle *hémisphère austral*.

Les petits cercles de la sphère céleste, parallèles à l'équateur, s'appellent *parallèles célestes*.

Une étoile vue à la lunette perpendiculaire à l'axe du monde décrit l'équateur céleste.

Une étoile vue à la lunette oblique à l'axe décrit un parallèle.

14. La méridienne prolongée jusque dans le ciel le perce en deux points. Le point qui est du côté du pôle nord s'appelle *point nord*, l'autre s'appelle *point sud*.

Si, dans l'horizon, on mène une perpendiculaire sur la méridienne, et qu'on prolonge cette droite jusqu'à la rencontre du ciel en deux points, le point qui est à la droite d'un spectateur tourné vers le nord s'appelle le *point est*, et le point qui est à gauche s'appelle le *point ouest*.

La ligne qu'on vient de tracer et qu'on appelle ligne de l'est à l'ouest, est dans le plan de l'équateur céleste. En effet, si l'on suppose mené l'axe du monde, et si d'un point de cet axe on abaisse une perpendiculaire sur l'horizon, cette perpendiculaire tombe sur la méridienne. L'axe est une oblique, et la méridienne joint le pied de la perpendiculaire au pied de l'oblique : donc, en vertu d'une proposition démontrée en géométrie, la ligne de l'est à l'ouest, qui a été menée perpendiculaire sur la méridienne, est aussi perpendiculaire sur l'oblique, c'est-à-dire sur l'axe du monde : donc elle est dans le plan de l'équateur céleste.

Les quatre points *nord*, *sud*, *est*, *ouest* s'appellent les *quatre points cardinaux;* le nord s'appelle aussi *septentrion;* le sud s'appelle aussi *midi;* l'est s'appelle aussi *orient* ou *levant;* l'ouest, *occident* ou *couchant.*

En général, tout ce qui est à droite de la méridienne pour un spectateur tourné vers le nord, est l'est, l'orient ou le levant; et tout ce qui est à gauche est l'ouest, l'occident ou le couchant; mais on donne surtout ces noms aux points que nous venons de déterminer.

La ligne du nord au sud et celle de l'est à l'ouest sont donc deux droites perpendiculaires l'une sur l'autre; et si l'on divise en parties égales les quatre angles qu'elles forment, on obtient des positions moyennes qu'on appelle *nord-est, nord-ouest, sud-est, sud-ouest.* On pourrait encore obtenir des lignes intermédiaires par la division des nouveaux angles en parties égales.

L'ensemble de ces lignes, tel qu'on le voit (fig. 4), s'appelle *rose des vents.* La rose des vents, en usage sur mer, contient 32 lignes, faisant entr'elles des angles égaux. Cette figure, placée au bas d'une girouette, dans un plan horizontal, indiquera la direction du vent.

15. Le point suivant lequel la verticale d'un lieu prolongée par en haut rencontre la sphère céleste, s'appelle *zénith* du lieu. Le point suivant lequel cette même droite, prolongée par en bas, la rencontre par-dessous la terre, s'appelle *nadir* du même lieu.

III.

UNIFORMITÉ DU MOUVEMENT DES ÉTOILES. — JOUR SIDÉRAL.

16. Le temps qu'une étoile met à faire sa révolution est toujours rigoureusement le même; et sitôt qu'une étoile a repris

sa position de la veille , toutes les autres étoiles sont aussi revenues exactement à leurs places respectives. Bien plus , si l'on partage en parties égales , par exemple en 360 degrés , le cercle que décrit une étoile, on verra que chaque degré est parcouru dans le même temps. L'observation est facile à faire pour une étoile de l'équateur. Et, pour une étoile en dehors de l'équateur, si l'on veut la suivre avec la lunette, on remarquera que le plan de la lunette et de l'axe, fait, en tournant avec l'étoile, dans des temps égaux, des angles dièdres égaux; et, comme ces dièdres sont mesurés par les arcs du parallèle décrit par l'étoile observée, on en conclut que les arcs décrits par une étoile en temps égaux sont égaux. L'arc parcouru dans un temps double serait double, dans un temps triple serait triple , etc.; et, en général, les arcs décrits sont proportionnels aux temps.

On appelle *mouvement uniforme*, celui dans lequel les espaces parcourus sont proportionnels aux temps employés à les parcourir. Le mouvement des étoiles est donc uniforme.

17. Le temps constant qu'une étoile met à faire sa révolution entière s'appelle *jour sidéral*. Il est un peu moins long que le jour solaire qui, bien que nous ne l'ayons pas défini , n'en est pas moins connu de tout le monde.

C'est le jour sidéral que nous prendrons d'abord pour unité de temps. Nous appellerons *heure sidérale*, la 24me partie du jour sidéral. Nous pourrons supposer de même l'heure sidérale divisée en 60 minutes; mais nous admettrons surtout pour nos opérations, une horloge réglée d'après le jour sidéral; c'est-à-dire réglée de manière que la petite aiguille fasse exactement les deux tours du cadran en un jour sidéral.

18. Si, par un point quelconque du ciel , une étoile, par exemple, et l'axe du monde, on mène un plan, ce plan coupe la

sphère céleste suivant un grand cercle. Toutes les étoiles qui se trouvent dans ce grand cercle arrivent au méridien à la même heure. On l'appelle *cercle horaire*. Il y a une infinité de cercles horaires.

On ne considère ordinairement de chaque cercle horaire que la moitié qui est terminée aux deux pôles, et qui contient l'étoile observée.

24 cercles horaires équidistans, c'est-à-dire déterminés par 24 plans faisant entr'eux des dièdres égaux, pourraient servir d'horloge sidérale. Une heure sidérale serait le temps écoulé entre le passage au méridien d'un cercle horaire, et le passage du cercle horaire suivant. Pour que l'horloge marquât les demi-heures, il faudrait admettre 48 cercles horaires au lieu de 24. On conçoit, du reste, qu'il suffirait de connaître une étoile de chaque cercle horaire, et que le passage au méridien de chacun de ces cercles serait connu par le passage au méridien d'une étoile de ce cercle.

Si cette horloge n'avait pas l'inconvénient de ne pouvoir pas toujours être consultée, non-seulement en plein jour, mais même la nuit, à cause des temps brumeux, elle serait une horloge parfaite.

IV.

DÉCLINAISON ET ASCENSION DROITE DES ÉTOILES. — DESCRIPTION DES PRINCIPALES CONSTELLATIONS. — GLOBE CÉLESTE.

19. Comme les étoiles sont pour nous comme si elles étaient attachées aux différens points de la sphère céleste, nous entendrons par la distance de deux étoiles, non pas la vraie distance comptée en lignes droite de ces deux corps (distance que nous ignorons et que nous ignorerons probablement tou-

jours), mais l'arc de grand cercle de la sphère céleste qui joint ces deux points considérés sur la sphère ; et, comme nous sommes au centre de cette sphère, nous pouvons toujours avoir l'arc par l'angle qu'il mesure, en menant de notre œil des rayons visuels aux deux étoiles. La distance des deux étoiles M et N (fig. 5), est l'arc MN qui mesure l'angle MON qu'on peut déduire de l'observation.

Quelques fois, dans la distance de deux étoiles, on ne considère que la différence des temps de passage de ces étoiles au méridien. Dans ce cas, la distance de ces deux étoiles est l'angle des deux cercles horaires qui contiennent ces étoiles ; et cette distance que, pour distinguer d'avec l'autre, nous appellerons *distance horaire*, est, pour les deux étoiles M et N, l'angle MPN ou l'arc BC qui mesure cet angle.

20. La distance d'une étoile à un grand cercle de la sphère céleste est l'arc de grand cercle abaissée perpendiculairement de cette étoile sur ce grand cercle. Pour obtenir la distance d'une étoile à l'équateur, par cette étoile et l'axe du monde, on mène un cercle horaire ; et c'est la partie de ce cercle, comprise entre l'étoile et l'équateur, qui est la distance de l'étoile à l'équateur.

21. Pour déterminer une étoile M dans la sphère céleste, on prend un point A sur l'équateur céleste, que nous appellerons *origine*, puis on mène par l'étoile un cercle horaire qui rencontre l'équateur en un point B, et on remarque que l'étoile est déterminée, lorsqu'on connaît 1° la distance AB de l'origine au cercle horaire MB ; 2° la distance MB de l'étoile à l'équateur.

La 1re distance s'appelle *ascension droite*, et la seconde *déclinaison*.

Une étoile est déterminée lorsqu'on connaît son ascension droite et sa déclinaison.

22. On pourrait compter 360 degrés d'ascension droite sur l'équateur d'un même côté de l'origine, de manière que le 360me degré revînt au point de départ ; mais on compte ordinairement 180 degrés de part et d'autre de l'origine. L'ascension droite, comptée à droite en regardant le nord, s'appelle *ascension droite orientale*, et à gauche *ascension droite occidentale*. Le 180me degré d'ascension droite orientale ou occidentale, est le même point, le point opposé à l'origine.

La déclinaison comptée, à partir de l'équateur, du côté du pôle nord, s'appelle *déclinaison boréale* ; et du côté du pôle sud, *déclinaison australe*.

23. Il existe un instrument qu'on appelle *machine parallactique*, qui sert à mesurer à la fois la déclinaison et l'ascension droite des étoiles. Cet instrument se compose d'un cercle gradué $AFBG$ (fig. 6), en métal, auquel se trouve attachée une lunette AB, qui a la facilité de tourner autour du point o dans le plan du cercle, d'un axe PP' passant par le centre du cercle et fixé dans son plan ; d'une aiguille CD perpendiculaire à l'axe, aussi dans le plan du cercle, mais un peu plus bas ; et enfin, d'un autre cercle DIK également gradué, dont le centre est sur l'axe et le plan perpendiculaire à l'axe. Ce dernier cercle, qui n'est pas adhérent à l'axe et ne tourne pas en même temps que lui, est fixé de manière que l'aiguille CD s'applique en tournant sur les degrés du cercle.

Pour se servir de cet insrument, il faut diriger son axe vers le pôle du monde, puis faire tourner le cercle adhérent à l'axe et la lunette, de manière à voir l'étoile dont on cherche la position dans le ciel. Lorsque la lunette est dirigée vers l'étoile M, l'angle qu'elle fait avec l'axe OP est le complément de la déclinaison cherchée ; ou bien, l'angle que la lunette fait avec OE perpendiculaire sur OP, est l'angle de déclinaison.

Pour avoir l'ascension droite, il faut chercher l'angle que le cercle horaire qui passe par l'étoile fait avec le cercle horaire qui passe par l'origine. On mesure cet angle au moyen de l'aiguille CD. Le nombre de degrés que marque l'aiguille, pour aller d'un cercle horaire à l'autre, donne l'ascension droite.

On conçoit qu'il faut un peu de promptitude dans la recherche de l'ascension droite ; sans quoi le mouvement des astres, qui ne s'arrête pas, pourrait altérer sensiblement le résultat de l'opération.

24. On mesure avec beaucoup plus de précision l'ascension droite d'une étoile par la différence des temps du passage au méridien de l'étoile de l'origine , et de l'étoile à observer. Je suppose qu'il y ait 7 heures sidérales de différence : on aura pour l'angle d'ascension droite $\frac{7}{24}$ de 360. Cette ascension droite sera orientale, si l'étoile à observer est passée au méridien après l'étoile de l'origine, et occidentale dans le cas contraire. Ceci est une conséquence évidente de l'uniformité du mouvement sidéral.

25. On appelle *distance zénithale* d'un astre l'angle que le rayon visuel mené à l'astre fait avec la verticale. C'est ordinairement lors du passage d'un astre au méridien qu'on mesure sa distance zénithale ; et c'est l'angle qu'on trouve à l'instant du passage qu'on appelle surtout distance zénithale.

La déclinaison d'un astre situé dans l'hémisphère boréal est égale à la déclinaison du zénith, plus ou moins la distance zénithale, suivant que l'astre passe entre le zénith et le pôle , ou qu'il passe entre le zénith et l'équateur.

En effet, soit a (fig. 7) le lieu de l'observation, HH' l'horizon, A le zénith du point a , et EE' l'équateur céleste, PEP' le méridien. La déclinaison d'une étoile placée en B est EB ou $EA+AB$, c'est-à-dire la déclinaison du zénith plus la distance zénithale. Si l'étoile est en B', sa déclinaison est EB'

ou $EA - AB'$, c'est-à-dire la déclinaison du zénith, moins la distance zénithale.

La déclinaison d'un astre situé dans l'hémisphère austral est égale à la distance zénithale de cet astre, moins la déclinaison du zénith.

En effet, la déclinaison d'une étoile placée en B'' est égale à EB'' ou à $AB'' - AE$, c'est-à-dire à la distance zénithale, moins la déclinaison du zénith.

26. La déclinaison AE du zénith est complément de la distance zénithale AP du pôle, et l'arc PH' est aussi complément de AP, donc l'arc $PH' = $ l'arc AE. L'arc PH' qui mesure l'angle PaH' que fait l'axe du monde avec la méridienne s'appelle la *hauteur du pôle* ; et, dans les résultats obtenus précédemment, on pourra remplacer la déclinaison du zénith par la hauteur du pôle.

27. Parmi les corps célestes, les uns sont assujettis exactement au mouvement général dont nous avons parlé ; les autres s'en écartent plus ou moins. On nomme les premiers, qui sont les plus nombreux, *étoiles fixes*. Les autres sont le *soleil*, la *lune*, un petit nombre de corps, qu'au premier aspect, on pourrait confondre avec les étoiles fixes et qu'on appelle *planètes*, et enfin les *comètes*. Tout ce que nous avons dit jusqu'ici ne se rapporte qu'aux étoiles fixes ; et, pour achever ce qui est relatif à ces corps, nous allons les classer d'après l'effet qu'ils produisent sur nos yeux, les réunir par groupes, et enfin, donner la description des principaux groupes.

28. Les étoiles fixes sont rangées, d'après leur éclat, en six grandeurs : les étoiles *de la première grandeur* ou *primaires*, les étoiles *de la seconde grandeur* ou *secondaires*, *de la troisième grandeur* ou *tertiaires*, *de la quatrième grandeur* ou *quar-*

taires , de la cinquième grandeur , de la sixième grandeur.
Au-dessous de la sixième grandeur, elles ne sont plus visibles
à l'œil nu. Au reste, tous les astronomes ne sont pas d'accord
sur la grandeur de toutes les étoiles. Il y a des étoiles qui, par
quelques-uns, sont appelées étoiles de la première grandeur,
et par d'autres étoiles de la deuxième grandeur. Cela provient
du peu de facilité qu'on a d'apprécier l'éclat de ces corps
célestes.

On réunit aussi les étoiles qui sont peu éloignées les unes
des autres et qui offrent quelque figure remarquable en groupes, qu'on appelle *constellations*.

29. Pour mieux décrire les constellations, nous donnerons
la division que les astronomes ont faite de la sphère céleste.
Ils ont divisé cette sphère en deux parties égales , non plus
par l'équateur , mais par un grand cercle dont le plan est incliné sur celui de l'équateur de 25°—28'. Ils ont donné le nom
de constellations zodiacales à douze constellations qui se trouvent sur ce grand cercle, ou qui en sont peu éloignées ; puis
ils ont appelé constellations boréales les autres constellations
qui sont dans le même hémisphère que le pôle boréal, et
constellations australes celles qui sont dans le même hémisphère que le pôle austral. Cette division, dont on verra la
raison plus tard, fait qu'il peut y avoir quelques constellations
australes dans la partie du ciel que nous avons appelée plus
haut hémisphère boréal, et aussi quelques constellations boréales dans la partie du ciel que nous avons appelée hémisphère austral.

Parmi les constellations boréales, les unes sont toujours
au-dessus de notre horizon, et les autres ont une grande partie de leur cours au-dessus de l'horizon.

Les constellations zodiacales ont à peu-près leur cours divisé en deux parties égales par l'horizon.

Enfin, parmi les constellations australes , les unes ont une grande partie de leur cours au-dessous de l'horizon ; les autres ne sont jamais visibles pour nous : par conséquent, elles nous offrent moins d'intérêt que les premières. Nous commencerons par les constellations boréales.

30. Les principales constellations boréales sont : la *Grande Ourse*, la *Petite Ourse*, *Cassiopée*, le *Dragon*, *Céphée*, la *Giraffe*, le *Lynx*, *Pégase*, *Andromède*, *Persée*, le *Cocher*, le *Cygne* ou la *Croix*, la *Lyre*, *Hercule* et le *Bouvier*.

Nous allons décrire ces constellations, en ne donnant de chacune que les étoiles principales. (Suivre sur le planisphère qui est à la planche 2.)

La *Grande Ourse* est une des constellations qui sont toujours au-dessus de l'horizon de Paris ; ce qui veut dire qu'on doit la chercher du côté du pôle. Elle est composée de 7 étoiles dont 6 secondaires et une tertiaire, et affecte à peu près la forme d'un char ; ce qui la fait appeler vulgairement le *Chariot*. La *queue* de la Grande Ourse passe par le zénith de Paris.

La *Petite Ourse* est plus près du pôle que la Grande Ourse. Elle se compose comme elle de sept étoiles qui affectent la même figure , mais dans des dimensions moindres ; ses étoiles sont aussi d'un moindre éclat. Des 7 étoiles, 3 sont tertiaires, et les 4 autres quartaires. La position de la Petite Ourse est inverse de celle de la grande. La dernière étoile de la *queue* n'est éloignée du pôle que de 1° — 36 '. C'est une tertiaire assez brillante que quelques astronomes regardent comme secondaire , et de toutes les étoiles visibles à l'œil nu , la plus rapprochée du pôle. C'est elle qu'on appelle la *polaire*.

Cassiopée est située de l'autre côté du pôle par rapport à la Grande Ourse , et à peu près à la même distance. Elle se compose de 5 étoiles tertiaires assez près les unes des autres, et qui figurent un Y.

Le Dragon est une constellation composée d'un grand nombre d'étoiles dont une seulement est secondaire; les autres sont tertiaires, quartaires et même de la 5e grandeur. Elle est auprès de la Petite Ourse, et l'enveloppe en partie. Sa *tête*, composée de 4 étoiles, est la partie la plus éloignée du pôle; Sa *queue* est entre la Grande Ourse et la Petite Ourse.

Céphée est une constellation composée de 3 étoiles tertiaires qui ne sont pas tout-à-fait en ligne droite. Elle est située entre Cassiopée, d'une part, et la petite Ourse et le Dragon de l'autre.

La *Giraffe* est composée de petites étoiles disséminées de l'autre côté du pôle, par rapport au Dragon.

Les six constellations qu'on vient de décrire sont toujours en totalité au-dessus de l'horizon de Paris.

Le *Lynx* est situé entre la Giraffe et la Grande Ourse, en s'écartant un peu du pôle. Cette constellation est, comme la précédente, composée de petites étoiles disséminées et peu visibles.

Pégase, grand quadrilatère composé d'étoiles secondaires, à peu près semblable à celui de la Grande Ourse, est situé de l'autre côté du pôle, et par conséquent du même côté que Cassiopée, seulement plus éloigné du pôle.

Andromède se compose de 3 étoiles secondaires à peu près en ligne droite avec une diagonale de Pégase. Une de ces étoiles appartient aussi à Pégase; de sorte qu'elle fait partie de deux constellations.

Persée, à l'est d'Andromède, est composé d'un assez grand nombre d'étoiles presqu'en ligne droite. Une seule de ces étoiles est secondaire; les autres sont tertiaires ou quartaires.

Le *Cocher*, pentagone placé à l'est de Persée et derrière la

Giraffe, par rapport au pôle, contient une étoile primaire qu'on appelle la *Chèvre*, et deux secondaires. Ces 3 étoiles forment un triangle isoscèle.

Le *Cygne* ou la *Croix*, à l'ouest de Pégase, et derrière Céphée, est composée de 5 étoiles à peu près en croix. Une des étoiles est secondaire, et les autres tertiaires.

La *Lyre*, auprès du Cygne, et derrière une partie du Dragon, est composée de 3 étoiles tertiaires en triangle isoscèle, plus une étoile primaire qu'on appelle *Wéga*.

Hercule, auprès de la Lyre, et derrière le Dragon, par rapport au pôle, est un quadrilatère composé d'étoiles tertiaires.

Le *Bouvier*, auprès d'Hercule, et toujours derrière le Dragon, par rapport au pôle, est un pentagone composé de 4 étoiles tertiaires et une quartaire. Auprès de ce pentagone est une étoile primaire très-brillante, appelée *Arcturus*, qui est à peu près sur le prolongement de la queue de la Grande Ourse.

31, Les constellations zodiacales sont : le *Bélier*, le *Taureau*, les *Gémeaux*, l'*Écrevisse* ou le *Cancer*, le *Lion*, la *Vierge*, la *Balance*, le *Scorpion*, le *Sagittaire*, le *Capricorne*, le *Verseau* et les *Poissons*.

Le *Bélier* est derrière Andromède, par rapport au pôle ; et les autres se suivent, en tournant de l'ouest à l'est, dans l'ordre énoncé, et sont à peu près à la même distance l'une de l'autre, la dernière se retrouvant auprès de la première. Le Bélier n'offre rien de remarquable comme constellation.

Le *Taureau*, derrière Persée, contient une étoile primaire, qu'on appelle *Aldébaran*.

Les *Gémeaux* sont un parallélogramme allongé. Cette constellation contient une étoile primaire et deux secondaires : l'étoile primaire se nomme *Castor*, et l'étoile secondaire, qui en est la plus rapprochée, s'appelle *Pollux*.

Le *Cancer* n'offre rien de remarquable ; c'est la constellation zodiacale la moins visible.

Le *Lion* contient de belles étoiles. Il y a des astronomes qui en comptent 2 primaires : *le cœur du Lion*, appelé aussi *Régulus*, et sa *queue* ; d'autres regardent la *queue du Lion* comme une étoile secondaire.

La *Vierge* contient une belle étoile qu'on appelle l'*Épi de la Vierge*, et que quelques astronomes regardent comme primaire.

La *Balance* est un quadrilatère irrégulier, composé d'une étoile secondaire et de trois tertiaires.

Le *Scorpion* contient une étoile primaire qu'on appelle le *Cœur du Scorpion*.

Les quatre autres constellations zodiacales, le *Sagittaire*, le *Capricorne*, le *Verseau* et les *Poissons*, n'offrent rien de remarquable.

32. Parmi les constellations australes, nous n'en citerons que trois : *Orion*, le *Grand Chien* et le *Petit Chien*.

Orion, placé derrière le Cocher, par rapport au pôle, est traversé par l'équateur céleste. Cette constellation est composée de sept étoiles principales, dont quatre forment un quadrilatère long ; et les trois autres, très-près les unes des autres, et à peu près en ligne droite, sont placées dans l'intérieur du quadrilatère. Des quatre étoiles situées aux quatre sommets, deux sont primaires, et les deux autres secondaires. L'une des étoiles primaires s'appelle l'*Épaule droite d'Orion*, et l'autre son *Pied gauche* ou *Rigel*. Orion est une des plus belles constellations du ciel.

Le *Grand Chien*, à l'est d'Orion, contient la plus belle étoile du ciel, qn'on appelle *Sirius*.

Le *Petit Chien*, presque au nord du Grand Chien, contient aussi une étoile primaire nommée *Procyon*.

33. Pour représenter la sphère céleste, on prend une sphère de carton ou de métal, mais préparée de manière qu'on puisse y marquer des points et y tracer des lignes; puis, par la propriété des pôles, on construit sur cette sphère un grand cercle qui représente l'équateur céleste. Le point qui a servi à construire l'équateur et son opposé sur la sphère, représentent les deux pôles du monde. On prend ensuite un point sur l'équateur, qui représente l'origine, et qu'on désigne par le signe ♈. On gradue l'équateur de chaque côté de l'origine; on fixe aux deux pôles les extrémités d'un demi-cercle en cuivre, également gradué et de même diamètre que la sphère; de manière que le demi-cercle puisse tourner autour de l'axe. A ce demi-cercle est attaché un crayon, qui peut glisser avec frottement d'un pôle à l'autre, dans une rainure pratiquée dans le cercle de cuivre.

Maintenant, pour rapporter sur cette sphère une étoile dont on a trouvé l'ascension droite et la déclinaison, au moyen de la machine parallactique, on prend, à partir du signe ♈, sur l'équateur et dans le sens voulu, un arc égal à celui d'ascension droite de l'étoile; on fait avancer le demi-cercle en cuivre jusqu'à l'extrémité de cet arc; on place le crayon sur le demi-cercle à la déclinaison voulue; on appuie avec le crayon, et on a l'étoile placée sur la sphère.

On appelle *globe céleste* une sphère sur laquelle on aurait ainsi rapporté toutes les étoiles avec les noms qu'on leur a donnés.

Afin de trouver plus facilement sur le globe céleste la position d'une étoile dont on connaît l'ascension droite et la déclinaison, et de résoudre aussi plus facilement le problème inverse, qui est de trouver l'ascension droite et la déclinaison d'une étoile marquée sur le globe céleste, on trace ordinairement des cercles horaires de degré en degré, et aussi des parallèles de degré en degré. Au moyen de ces cercles, les deux problêmes sont résolus presqu'à l'inspection de la figure.

V.

PARALLAXE. — RÉFRACTIONS ASTRONOMIQUES.

34. On donne en géométrie le moyen de mesurer la distance d'un point inaccessible à un point accessible. Pour avoir la distance du point inaccessible C (fig. 9) au point accessible B, on prend une certaine base AB qu'on a mesurée, et on en suppose les extrémités jointes au point C. On mesure également les angles A et B; et ces trois élémens dans le triangle ABC étant connus, on sait en déduire les trois autres. On a cherché à appliquer ce moyen à la distance des astres à la terre, et on en a déduit la distance de certains astres à la terre. L'angle C dont on s'est en même temps occupé, et que la connaissance des angles A et B fait trouver facilement (puisqu'il suffit de retrancher leur somme de deux droits pour l'avoir), est l'angle sous lequel on verrait la ligne AB, si l'on était placé en C. On verra plus tard que la terre est sphérique, du moins par approximation, et on saura déterminer son rayon; puis prenant ce rayon pour base, on saura déterminer l'angle sous lequel on verrait le rayon terrestre d'un astre donné, et on appellera cet angle *la parallaxe de l'astre.*

35. On conçoit du reste que la distance de l'astre à la terre et la parallaxe ne dépendent pas seulement de l'angle sous lequel on voit le rayon terrestre, mais aussi du degré d'obliquité sous lequel le rayon terrestre est placé par rapport à l'astre. Mais, sans entrer dans tous les détails de la mesure de la parallaxe, que nous donnerons quand nous en serons au soleil, nous nous

contenterons d'annoncer pour le moment que la parallaxe des étoiles est nulle, quelle que soit la position du rayon terrestre par rapport à elle. Bien plus, on a pris une base 48000 fois plus grande que le rayon terrestre, et on a trouvé pour cette base un angle si petit, qu'on ne sait pas même si cet angle ne proviendrait pas des erreurs toujours inséparables d'opérations aussi délicates.

36. Nous devons en conclure que la terre n'est qu'*un point dans l'espace*, et que les plus longues distances terrestres ne sont nullement comparables à la distance d'une étoile à la terre.

Lorsque nous menons un rayon visuel d'un point quelconque de la terre à une étoile, ou d'un autre point de la terre aussi éloigné qu'on le voudra du premier à la même étoile, ces deux rayons visuels, considérés par rapport à la terre, sont parallèles; et, considérés dans le ciel, ils ne forment qu'une même ligne droite qui se confond avec le rayon visuel mené du centre de la terre à la même étoile. Et c'est pour cela que le mouvement diurne se fait rigoureusement autour d'une droite qui va de notre œil au pôle, quelle que soit notre position sur la terre.

37. Nous venons de dire qu'on démontrerait plus tard que la terre est à peu près sphérique. Nous serons encore obligés de lui supposer cette forme, et d'admettre de plus qu'elle est enveloppée d'une atmosphère composée de couches sphériques concentriques, et qui sont de plus en plus denses, à mesure qu'elles sont plus rapprochées de la terre, afin de parler d'un phénomène important, connu sous le nom de *réfraction astronomique*.

On sait qu'un rayon lumineux, passant obliquement d'un corps transparent moins dense à un autre plus dense, fléchit

en passant, et se rapproche de la normale ou perpendiculaire
à la surface de séparation des deux corps, et qu'il en est de
même d'un rayon lumineux passant du vide dans l'air. Mais
pour mieux faire comprendre le phénomène de la réfraction ,
j'en vais citer un effet bien sensible que chacun pourra aisé-
ment vérifier. Seulement, dans cet exemple, le rayon lumineux
passera de l'air dans l'eau, au lieu de passer du vide dans l'air,
ou d'un air moins dense à un air plus dense, comme la chose
a lieu dans la réfraction astronomique.

Placez une bougie auprès d'un vase vide, observez l'endroit
où s'arrête l'ombre d'un point du bord sur le fond du vase, et
marquez-le de manière à le bien reconnaître. Versez ensuite
de l'eau dans le vase , et observez de nouveau l'ombre. Vous
verrez qu'elle est raccourcie, et que des points situés au-delà de
la marque que vous avez faite et qui ne recevaient pas la lumière
de la bougie avant que l'eau fût versée, la reçoivent ensuite.
La bougie , le point du bord du vase qu'on a considéré, et son
ombre avant qu'on ait versé l'eau, sont en ligne droite. Mais,
comme ensuite l'ombre s'est raccourcie, le rayon s'est brisé
et s'est rapproché de la perpendiculaire à la surface de l'eau,
ou de la verticale. C'est en cela que consiste la réfraction.

Si donc on suppose une étoile en e (fig. 10), le rayon qui
part de cette étoile va d'abord en ligne droite jusqu'en m ,
extrémité de notre atmosphère. Arrivé en m , il se rapproche de la verticale mO , en traversant la première couche
d'air , puis s'en rapproche de nouveau, en traversant la seconde, et ainsi de suite ; de sorte que le rayon qui part de
e , au lieu de suivre la ligne droite emB, suit la ligne emA ;
et l'observateur placé en A rapporte l'étoile à la tangente à la
courbe mA, menée par le point A; c'est-à-dire suivant Ae',
dans le même plan vertical que Ame', mais plus haut. L'angle
des deux droites me, Ae' est l'angle de réfraction.

3

On sent qu'il est impossible de ne pas tenir compte d'un phénomène qui déplace ainsi les astres, les fait paraître plus haut qu'ils ne sont réellement, et nous les montre au-dessus de l'horizon avant leur lever et après leur coucher.

La déviation des astres due à la réfraction est assez petite. Elle est nulle au zénith, et elle est en général d'autant plus petite que l'astre est plus rapproché du zénith. Aussi, dans les observations astronomiques, vaut-il mieux considérer les astres à leur passage au méridien.

38. M. Biot, dans son traité d'astronomie physique, expose les moyens directs qu'on a employés pour mesurer la réfraction à toutes les hauteurs ; mais nous ne pouvons pas les reproduire dans un cours élémentaire. Nous nous contenterons d'indiquer, comme le fait M. Francœur, comment, connaissant la réfraction à la hauteur du pôle, on peut avoir la réfraction à une hauteur quelconque. Tous les astronomes s'accordent à donner 70 '' pour réfraction à la hauteur du pôle à Paris ; de sorte qu'en baissant l'axe apparent de 70 '', nous avons l'axe réel. Puis observant une étoile à son passage au zénith, et la suivant dans tout son cours, on remarque l'endroit où on la voit à un instant donné, et celui où elle doit se trouver en vertu de l'uniformité de son mouvement autour de l'axe redressé ; l'angle formé par les rayons visuels menés à l'astre dans sa position apparente et dans sa position réelle, qui est toujours dans un plan vertical, est l'angle de réfraction.

Si une étoile qui passe au zénith de Paris se couchait, nous pourrions tirer de l'observation indiquée par M. Francœur, des tables de réfraction pour toutes les hauteurs ; mais elle ne se couche pas ; et nous serons obligés, afin de pousser les tables jusqu'à la plus petite hauteur, de redresser, au moyen des tables faites en partie, une des étoiles qni ne sont pas toujours au-dessus de l'horizon de Paris ; c'est-à-dire de chercher sa hauteur vraie au moment de son passage au méridien , puis de suivre cette étoile jusqu'à son coucher.

La réfraction , qui est nulle au zénith , va toujours en croissant jusqu'à l'horizon , où elle est à son *maximum*. Elle croît d'une manière très-rapide en approchant de l'horizon. Pour donner une idée de cet accroissement, nous avons joint ici une table de réfraction pour les dix premiers degrés , à partir de l'horizon , et pour les autres, de dix en dix degrés.

Hauteur apparente.	Réfraction.	Hauteur apparente.	Réfraction.
A l'horizon , ou à 0°	33' — 16"	à 10°	5' — 15"
1	25 — 59	20	2 — 36
2	18 — 6	30	1 — 22
3	14 — 15	40	1 — 8
4	11 — 38	50	0 — 48
5	9 — 45	60	0 — 33
6	8 — 22	70	0 — 21
7	7 — 8	80	0 — 10
8	6 — 28	Au zénith , ou à 90	0 — 0
9	5 — 48		

CHAPITRE II.

De la Terre.

VI.

FIGURE DE LA TERRE. — PREUVE DE SA RONDEUR.

39. Au premier aspect, la terre nous a paru un plan infini sur lequel la voûte du ciel est appuyée. Quand ensuite nous avons remarqué que les étoiles achèvent leur révolution sous la terre, nous avons dû cesser de considérer ce plan comme infini, et nous croire au milieu d'un disque jeté dans l'espace ; puis, comme en avançant d'un côté ou d'un autre, on ne semble pas approcher du bord, mais au contraire toujours être au milieu du disque, les observations tirées de la forme apparente de la terre n'ont pu nous conduire qu'à cette conclusion : savoir, que si la terre est un disque, elle est un disque immense.

40. On ne s'est pas borné à cette observation. On a remarqué que, en continuant d'avancer dans le sens de la méridienne, on découvre un nouveau ciel, que les étoiles qui passent au zénith ne sont plus les mêmes, que le pôle monte ou descend, suivant qu'on va du côté du nord ou du midi ; ce qui a fait présumer qu'on pourrait bien marcher sur une surface courbe.

Une autre observation a fait tourner la présomption en certitude. Lorsqu'un vaisseau s'éloigne du port, on voit d'abord disparaître le corps du bâtiment, puis, par degrés, les parties inférieures des mâts, enfin l'extrémité la plus élevée. Peut-il y avoir autre chose que la convexité de la mer, interposée entre l'œil et le bâtiment, lorsque surtout on aperçoit encore l'extrémité supérieure du mât. La surface de la mer est donc arrondie. Quant à la surface solide de la terre, on ne juge pas d'abord facilement de sa forme générale ; parce que les inégalités du terrein, insensibles pour la masse entière de la terre, ou pour une portion un peu considérable, deviennent sensibles pour la faible portion que nous pouvons apercevoir.

41. Non-seulement la terre est convexe, mais elle revient sur elle-même et forme une surface courbe fermée ; car, en continuant toujours de marcher dans le même sens, et suivant, autant que possible, la ligne droite, on revient toujours au point de départ. Le navigateur Magellan, étant parti de Séville, en Espagne, se dirigea vers l'ouest jusqu'en Amérique, puis vers le sud, traversa le détroit qui porte aujourd'hui son nom ; et, en continuant sa route vers l'ouest, il aborda en Asie, qui est à l'est de l'Espagne. Ce voyage a été répété depuis bien des fois, et on a même fait le tour de la terre en différents sens.

42. La convexité de la terre et même sa sphéricité s'accordent parfaitement avec les apparences dont nous avons parlé plus haut. Supposons-nous, en effet, placés sur une surface courbe, par exemple sur une sphère d'une grande dimension : le peu que nous verrons de cette sphère ne nous paraîtra-t-il pas un disque dont nous occupons le centre ? Avançons d'un côté ou d'un autre, et tant que nous voudrons, ne serons-nous pas toujours au milieu de ce disque apparent?

Peut-être a-t-on de la peine à conclure immédiatement que la surface de la terre est courbe, et surtout que cette surface est fermée, parce qu'on conçoit difficilement qu'on puisse tenir sur une sphère $ABCD$ (fig. 11) en un autre point qu'au point A, et que, partout ailleurs, on doit tomber dans le sens d'une parallèle à AO; mais cela provient de l'habitude qu'on a de voir tomber des corps peu distants les uns des autres. Comme les directions de la pesanteur sont alors presque parallèles, et nous paraissent l'être exactement, on se figure qu'il en serait de même aux points B, C, D, E, et qu'à ces points, les directions de la pesanteur seraient les droites BI, CK, DH, FE; mais il n'en est pas ainsi. A tous les points de la surface de la terre, la direction de la pesanteur est perpendiculaire à la surface et appuie sur cette surface. Ce sont les droites BI', CK', DH', EF'.

43. Tout ce que nous avons dit jusqu'ici prouve bien que la surface de la terre est courbe et fermée ; mais rien ne prouve encore qu'elle soit sphérique, ou du moins presque sphérique, comme nous l'avons annoncé.

Les anciens, en voyant l'ombre de la terre projetée sur la lune pendant les éclipses de lune, avaient déjà présumé que la surface de la terre devait être sphérique ; mais ils n'avaient encore fait aucune expérience pour confirmer le résultat de cette observation.

On peut vérifier si une surface est sphérique par un moyen analogue à celui qn'on donne pour vérifier si une surface est plane. Ce moyen consiste à mener des plans tangents à tous les points de cette surface, ou du moins, à un grand nombre de points, à mener des perpendiculaires à ces plans par les points de contact, puis à vérifier, en se servant des prolongements extérieurs de ces perpendiculaires, si elles se rencontrent au même point, et en un point qui soit à égale distance de tous les points de la surface.

C'est par un moyen de ce genre qu'Herschel a mesuré le rayon de la terre en la supposant sphérique; mais il serait fort long pour vérifier sa sphéricité, et est bien moins précis que l'observation des astres à laquelle nous aurons bientôt recours.

44. Si nous n'avons pas prouvé que la terre est sphérique, du moins nous avons assez de données pour conclure qu'elle est un globe arrondi; et c'est ce que nous voulions prouver. Au reste, nous n'exposerons pas encore les moyens qu'on a employés pour trouver, avec toute l'approximation possible, la forme de ce globe. Nous allons le supposer, pour le moment, une sphère parfaite. Nous admettrons aussi que toutes les directions de la pesanteur vont concourir au centre de cette sphère, et, quand nous aurons tiré les conséquences qui résultent de cette double hypothèse, nous chercherons à mesurer le rayon de la terre; et c'est alors que nous reconnaîtrons qu'elle n'est pas tout-à-fait sphérique.

VII.

AXE ET PÔLES DE LA TERRE, ÉQUATEUR, MÉRIDIENS, PARALLÈLES.

45. Nous avons observé que le mouvement de révolution des astres se fait toujours autour d'une droite qui va de l'œil de l'observateur au pôle, quelle que soit la position de l'observateur sur le globe, et que, par conséquent, une droite, menée d'un point quelconque de la terre au pôle, est l'axe du monde. Nous supposerons maintenant le centre de la terre joint avec le pôle, et nous appellerons cette droite *l'axe rationnel;* tous les autres axes seront appelés *axes sensibles.*

La partie de l'axe rationnel du monde comprise dans l'intérieur de la terre, est l'*axe terrestre.*

Les intersections de l'axe rationnel du monde, avec la surface de la terre sont les *pôles terrestres.* L'intersection qui est du côté du pôle du monde que nous avons appelé pôle boréal, est le *pôle terrestre boréal;* l'autre est le *pôle terrestre austral.* On appelle aussi le premier *pôle nord* ou *arctique,* et l'autre *pôle sud* ou *antarctique.*

46. Le plan, mené par le centre de la terre perpendiculairement à l'axe, coupe la sphère céleste suivant un grand cercle qu'on appelle équateur céleste rationnel, et la terre suivant *l'équateur terrestre* qu'on appelle aussi *ligne équinoxiale.* L'équateur terrestre partage le globe terrestre en *hémisphère boréal* et *hémisphère austral.*

Si, par un point quelconque de la terre, on mène une verticale prolongée jusqu'au centre, et si, ensuite, par le centre on mène un plan perpendiculaire à cette droite, c'est ce plan prolongé jusque dans le ciel qu'on appelle *horizon rationnel* du point de la terre qu'on a considéré; l'autre horizon obtenu plus haut, n'est que *l'horizon sensible.*

Un plan, mené suivant l'axe et un point quelconque de la terre, coupe celle-ci suivant un grand cercle qu'on appelle *méridien terrestre.* C'est le prolongement de ce plan que nous avons déjà considéré pour l'observation des astres. Les cercles horaires de la sphère céleste arrivent successivement dans les prolongements des méridiens terrestres.

Un petit cercle parallèle à l'équateur, mené par un point quelconque du globe terrestre, s'appelle *parallèle terrestre.*

47. Il ne faudrait pas croire que les parallèles terrestres, prolongés jusque dans le ciel, donneraient les parallèles cé-

lestes. Un plan perpendiculaire à l'axe, ou parallèle à l'équateur, mené par un point quelconque de la terre et prolongé jusque dans le ciel, donne un équateur céleste sensible dont nous nous sommes déjà servi pour nos observations.

En admettant toujours la terre parfaitement sphérique, et la pesanteur toujours dirigée vers son centre, la droite qui va d'un lieu de la terre au centre prolongé jusque dans le ciel, passe par le zénith. Si l'on suppose maintenant que, l'extrémité de cette droite qui est au centre de la terre restant fixe, l'autre extrémité soit entraînée dans le mouvement du ciel, elle décrira un parallèle céleste; et le point de rencontre de cette droite avec la terre, décrira dans ce mouvement un parallèle terrestre. Voilà le parallèle céleste et le parallèle terrestre correspondants. Leur distance à l'équateur est la même; c'est-à-dire contient le même nombre de degrés. Tous les points du parallèle céleste passent successivement au zénith de tous les points du parallèle terrestre.

VIII.

LONGITUDES ET LATITUDES TERRESTRES. — CARTES GÉOGRAPHIQUES.

48. On emploiera le même moyen, pour déterminer un lieu sur la terre, que pour déterminer une étoile dans le ciel. On prendra un point sur l'équateur terrestre que nous appellerons origine; puis, par le point à déterminer, on menera un méridien, et on remarquera qu'un lieu de la terre est déterminé, lorsqu'on connaitra 1° la distance de l'origine au méridien qui passe par ce lieu, comptée sur l'équateur; 2° la distance du lieu à l'équateur, comptée sur le méridien. La première de ces distances s'appelle *longitude terrestre* et la seconde, *latitude*. On divisera encore l'équateur en 360 de-

grés, et on en comptera 180 de chaque côté de l'origine. On divisera aussi le méridien qui passe par l'origine en 180 degrés, 90 de chaque côté de l'origine.

La longitude sera orientale ou occidentale, suivant qu'elle sera comptée à droite ou à gauche de l'origine, en regardant le nord. La latitude sera boréale ou australe, suivant que le point sera dans l'hémisphère boréal ou dans l'hémisphère austral.

Tous les peuples ne prennent pas le même point pour origine. Les Français prennent le point suivant le quel le méridien qui passe par Paris rencontre l'équateur.

On construira un globe terrestre, comme on a construit un globe céleste, et on y rapportera un point, dont on a la longitude et la latitude, absolument de la même manière ; et rien ne sera plus facile que de résoudre les deux problèmes suivants , qui sont réciproques l'un de l'autre.

1º La longitude et la latitude d'un lieu étant données, trouver sa position sur le globe terrestre.

2º Un lieu étant marqué sur le globe terrestre , trouver sa longitude et sa latitude.

49. Les globes représentant la terre étant peu portatifs, lorsque, surtout, on veut les avoir un peu détaillés, on a cherché à les remplacer par des feuilles de dessin appelées *cartes géographiques*. Pour rendre compte de la construction de ces cartes, autant du moins que le permet un ouvrage élémentaire, nous allons commencer par donner une idée des *projections perspectives*.

Un point A (fig. 12) est déterminé, lorsqu'en joignant ce point avec un point fixe O, on connait le point a suivant le quel la droite AO perce un plan fixe MN, et la distance du point A au point O.

Le point *a* s'appelle la *projection perspective* du point *A* sur le plan *MN* par rapport au point *O* : le point *b* serait de même la *projection perspective* du point *B ;* et le plan *MN* s'appelle *plan de projection.*

Si les points *A*, *B*,.... étaient en grand nombre, par exemple, tous les points d'une courbe, il serait peu commode de donner toutes les distances *OA*, *OB*... avec les projections perspectives *a*, *b*..., et en se donnant, avec ces projections, une surface sur la quelle se trouveraient tous ces points, ils seraient également déterminés. Souvent même, la vue de la projection perspective de l'ensemble des points, avec la position connue de la surface courbe, suffisent pour donner une idée nette de la courbe, telle qu'elle serait tracée sur la surface, et de la distance de deux points quelconques dont on a les projections; et, dans tous les cas, une construction simple suffit pour faire retrouver tous les points sur la surface.

50. La construction des cartes géographiques est une application très-heureuse des projections perspectives. Par l'axe terrestre, on a mené un plan qui a divisé le globe terrestre en deux parties égales. (Ce plan est ordinairement mené de manière que le premier hémisphère contienne l'Europe, l'Asie, l'Afrique et une grande partie de l'Océanie, et que le second hémisphère contienne les deux Amériques, et le reste de l'Océanie, qui consiste en un grand nombre d'îles. Il passe par l'île de Fer, la plus occidentale des Canaries). On place les deux hémisphères sur un même plan, suivant leur cercle de division, l'un à droite, l'autre à gauche, de manière que les bases soient tangentes, que les extrémités des deux demi-cercles, qui forment l'équateur, se touchent d'un côté de l'équateur. Ce sont les projections perspectives de tous les lieux remarquables de chacun de ces hémisphères qui forment ce qu'on appelle la *Mappe-Monde*, et ce sont

elles que nous avons à chercher. Mais, si l'on suppose l'équateur divisé en 360 degrés, et un méridien en 180 degrés ; puis des méridiens, menés par chacun des points de division de l'équateur, et des parallèles par chacun des points de division du méridien, on conçoit que, si l'on pouvait avoir les projections perspectives de toutes ces lignes, il ne serait plus difficile d'avoir ensuite celle d'un point de la terre dont on connaîtrait la longitude et la latitude. Nous allons donc nous occuper de la recherche des projections perspectives de ces divers méridiens et de ces divers parallèles. Considérant d'abord l'un des deux hémisphères, menons par le centre du cercle, qui lui sert de base, une perpendiculaire sur son plan, et prenons sur cette perpendiculaire, de l'autre côté du plan, une distance égale au rayon de la sphère. C'est l'extrémité de cette perpendiculaire qui nous servira de point fixe.

Il est facile de voir que la projection perspective du demi-équateur (fig. 13) sera un diamètre AB, et que la projection du méridien, à égale distance des deux méridiens CAD, CBD est le diamètre CD perpendiculaire à AB.

Quant aux projections des autres méridiens, on fait voir que ce sont des arcs de cercles ; mais la démonstration qu'on en donne est peu élémentaire, et ne saurait trouver place ici. Nous nous contenterons de remarquer qu'on a déjà deux points communs à tous ces cercles, les points C et D, et d'indiquer le moyen pratique de trouver l'intersection de chacun d'eux avec la droite AB. On joint AD, on divise l'angle ADO en 90 parties égales ; et les rencontres $E, F, G...$ des droites de division DE, DF, $DG...$ avec AO sont les intersections des arcs de cercles avec cette droite. (Dans la figure, on a seulement divisé l'angle ADO en quatre parties égales). Connaissant maintenant trois points de chacun de ces cercles, rien ne sera plus facile que de les construire.

On démontre également qu'en prenant le même point pour point fixe, les projections perspectives des parallèles sont des cercles. Nous allons encore trouver trois points de chacun d'eux. Les intersections de ces arcs avec CD se trouveront, comme on a trouvé les rencontres des projections des méridiens, avec celle de l'équateur. On joindra CB; on divisera l'angle CBO en 90 parties égales par les droites BH, BI, BK...; et les points H, I, K.... sont les intersections des projections perspectives des parallèles avec CD. Pour avoir les intersections de ces projections avec CA et CB, il faudra diviser l'arc AC en 90 parties égales, et l'arc CB aussi en 90 parties égales aux points L, M, N..., et aux points P, Q, R... (Dans la figure, on a seulement divisé l'angle CBO en quatre parties égales). Il n'y a plus maintenant qu'à mener des arcs de cercles par les trois points N, H, R, puis par les trois points M, I, Q, etc.

N. B. Les droites DE, DF, DG.... doivent passer par les points L, M, N. Il en est de même des droites BK, BI, BH. Cette observation nous donne un moyen de vérifier la construction; mais il vaudra mieux encore se servir de cette observation pour construire les cartes avec beaucoup de précision. On commencera par diviser l'arc AC très-exactement en 90 parties égales aux points L, M, N..; on placera une règle suivant DL, et on marquera sa rencontre avec AO: on fera de même pour tous les points de AO et de CO.

La construction que nous avons donnée suffit pour faire concevoir le moyen d'avoir les projections de tous les méridiens et de tous les parallèles des deux hémisphères, et de construire la Mappe-Monde.

Les cartes géographiques, sur lesquelles une partie de la terre comme l'Europe, ou seulement la France, se trouvent représentées, ne sont que des extraits de la Mappe-Monde.

Ces extraits sont ordinairement construits sur une plus grande échelle; et on conçoit que, pour construire une carte sur une feuille de dessin d'une dimension déterminée, on peut prendre une échelle d'autant plus grande, que la partie du globe qu'on veut représenter, est plus petite.

51. On pourrait faire la même construction pour représenter la sphère céleste sur une même feuille de dessin; mais le mode de projection que nous venons d'employer, assez commode pour représenter les étoiles qui sont près de l'équateur, ne le serait pas du tout pour représenter celles qui sont auprès des pôles, et aurait surtout l'inconvénient de diviser les constellations. C'est pourquoi, pour obtenir des cartes qui représentent la sphère céleste, qu'on appelle des *planisphères célestes*, on divise la sphère céleste en hémisphère boréal et hémisphère austral, et on cherche séparément les projections perspectives des étoiles de chaque hémisphère sur le plan de l'équateur, en prenant pour point fixe le pôle de nom contraire. Dans les planisphères ainsi construits, les projections des cercles horaires équidistants sont des rayons, faisant entre eux des angles égaux, et celles des parallèles menés de degré en degré, des cercles concentriques dont les rayons sont déterminés de la même manière que les droites OE, OF, OG... dans le mode de projection précédent. C'est dans ce système de projection qu'on a construit la figure 8 qui contient les principales constellations boréales et quelques constellations zodiacales.

52. Jusqu'ici nous avons supposé qu'on mesurait la longitude et la latitude sur le globe même que nous habitons, qu'on menait, par le point à déterminer, un méridien jusqu'à sa rencontre avec l'équateur, et qu'on prenait les deux longueurs dont nous avons parlé plus haut; mais cette opéra-

tion est impraticable, et il faut avoir recours à un autre moyen. La longitude et la latitude d'un lieu se trouvent facilement par l'observation des astres.

A l'inspection de la figure 14, on voit que la latitude d'un lieu a est égale à la déclinaison de son zénith A; puisque les deux arcs AB, ab mesurent le même angle AOB. Ainsi la latitude d'un lieu est donnée par la déclinaison du zénith ou par la hauteur du pôle.

Au moment où l'origine e a pour zénith l'origine céleste E, l'ascension droite EB du point A et la longitude eb du point a mesurent aussi le même angle. Ainsi, lorsque les deux origines sont l'une au-dessous de l'autre, ou sont *en conjonction*, la longitude d'un lieu est égale à l'ascension droite du zénith.

Il n'est pas difficile, d'après cela, de trouver la longitude d'un lieu. Car, sachant que les deux origines ont été en conjonction à un instant donné, on saura qu'après un nombre entier quelconque de révolutions sidérales, elles sont encore en conjonction, et on choisira l'instant d'une conjonction, pour mesurer l'ascension droite de l'étoile du zénith, ou d'une étoile quelconque qui passe au méridien au même instant.

On conçoit qu'il n'est pas indispensable de se servir de l'étoile de l'origine dans la recherche de la longitude d'un lieu; et que cette longitude pourra toujours se mesurer par la différence des temps du passage d'une même étoile au méridien de Paris et au méridien du lieu. Si l'on sait, par exemple, qu'une étoile passe au méridien d'un lieu, 3 heures sidérales après son passage au méridien de Paris, la longitude occidentale de ce lieu sera exprimée par $\frac{3}{24}$ de $360°$. Ceci est une conséquence trop évidente de l'uniformité du mouvement sidérale, pour qu'il soit besoin d'autres explications.

*IX.

MOYEN DE DÉTERMINER LE RAYON DE LA TERRE EN LA SUPPOSANT SPHÉRIQUE.

53. L'observation des astres vient de nous donner la longitude et la latitude d'un lieu quelconque situé sur la terre. Maintenant elle va nous donner la grandeur du rayon de la terre, en la supposant sphérique. Pour cela, prenons deux stations sur le même méridien terrestre. (On sera sûr d'avoir deux points sur le même méridien, lorsque pour ces deux points une même étoile passera au méridien au même instant). Observons la hauteur du pôle dans chacun de ces stations, et nous aurons la latitude de chacun de ces points. La différence des latitudes donne le nombre de degrés du méridien qu'il y a entre l'une et l'autre station. Mesurons ensuite avec la chaîne, ou par les moyens que donne la géométrie ou la trigonométrie, la distance des deux stations, et posons cette règle de trois : un certain nombre donné de degrés du méridien a telle longueur trouvée, quelle sera la longueur des 360 degrés ou de la circonférence entière du méridien? La réponse à cette question, facile à résoudre par les proportions, donnera la circonférence de la terre.

On pourrait faire l'opération en se transportant sur l'équateur, et en prenant deux stations sur cette ligne ; et on trouverait, par un moyen analogue, la circonférence d'un grand cercle de la sphère ; mais il est bien plus commode de faire l'opération sur un méridien.

54. Quand une fois on a obtenu la circonférence d'un grand cercle de la sphère, il n'est pas difficile d'obtenir son rayon ; car il a été démontré dans les éléments de géométrie

que la circonférence d'un cercle est égale à son rayon multiplié par 2 fois le nombre 3,1415926. D'où l'on conclut que le rayon est égal à la circonférence divisée par 2 fois 3,1415926. En effectuant le calcul, on aura le rayon terrestre.

X.

INÉGALITÉ DES DEGRÉS DU MÉRIDIEN. — APLATISSEMENT AUX PÔLES. — DÉTERMINATION DU MÈTRE.

55. En mesurant le méridien par le moyen que nous venons d'indiquer, on n'a pas trouvé le même résultat pour deux stations situées sur un méridien, que pour deux autres stations situées sur le même méridien. La différence s'est trouvée assez considérable, pour qu'on dût en conclure que la terre n'est pas tout-à-fait sphérique.

56. On a repris les opérations. On a mesuré différents degrés du même méridien (on appelle ici un degré du méridien la distance de deux points du même méridien dont l'un a le pôle plus haut que l'autre de 1°) et on a trouvé que ces degrés vont en croissant de l'équateur au pôle, qu'un degré de Suède est de 400 toises plus grand qu'un degré à l'équateur. Or, si l'on considère dans deux cercles deux arcs de 1° chacun, et si l'on trouve que ces deux arcs sont de différentes longueurs, on sait que la circonférence, à laquelle appartient le plus grand degré, est aussi la plus grande. Et, comme une circonférence plus grande est aussi plus près de la ligne droite, ainsi qu'on peut s'en assurer en menant au point de contact de deux cercles tangents intérieurement une tangente commune, on en a conclu que le méridien s'aplatit en allant de l'équateur au pôle.

4

57. Le mètre est la dix millionième partie de la distance du pôle à l'équateur ou du quart du méridien terrestre. Nous avions donné le moyen de mesurer cette distance dans le cas où la terre eût été parfaitement sphérique ; mais les degrés du méridien ayant été trouvés inégaux, il aurait fallu, pour l'exactitude de l'opération, les mesurer tous ; ce qui est inpraticable, puisqu'on ne peut aller jusqu'au pôle. Alors, on en a mesuré un certain nombre à diverses latitudes, on a cherché à saisir la loi d'accroissement de ces dégrés en allant de l'équateur au pôle, et on a supposé que cette loi se continuait jusqu'au pôle. On voit quelles opérations il a fallu faire, et combien il est difficile d'obtenir un résultat exact. Une première opération avait donné, pour le quart du méridien, 5 130 740 toises. C'est le nombre adopté par l'académie des sciences, et le mètre légal est la dix millionième partie de cette distance.

Cependant MM. Biot et Arago ont mesuré un grand nombre de degrés du méridien, à diverses latitudes. Ils ont pris, dans chaque mesure, la moyenne entre un grand nombre d'opérations, pour donner la plus grande probabilité possible à l'exactitude de leur résultat, et ont trouvé, pour le quart du méridien terrestre, un nombre de toises qui diffère un peu de 5 130 740. Malgré cela, on a conservé celui-ci pour n'être pas obligé de changer le mètre dont la longueur était déjà adoptée pour unité linéaire. Ainsi le mètre vaut $0^t,5130740$ ou $3^p - 0^p - 11^l, 296.$

58. On ne s'est pas contenté de mesurer la longueur du quart du méridien terrestre ; on a voulu avoir aussi la forme de cette courbe. Voici le moyen d'obtenir une courbe semblable tracée sur un plan.

Sur une ligne indéfinie XY (fig. 15) prenez un point A ; et, de ce point comme centre, avec un rayon quelconque AB, tracez un arc BC de 1º. Joignez AC, et prolongez cette droite d'une longueur AA' telle, qu'on ait $A'C$ est à AC, comme le second degré du méridien est au premier. Du point A' comme centre, avec $A'C$ comme rayon, décrivez un second arc de cercle CD de 1º. Joignez $A'D$, et prolongez encore cette droite jusqu'en A'', de manière qu'on ait $A''D$ est à $A'D$, comme le 3ᵉ degré du méridien est au 2ᵉ; puis, du point A'' comme centre, avec $A''D$ comme rayon, décrivez un 3ᵉ arc de cercle DE de 1º, et continuez ainsi jusqu'au 90ᵉ degré, et vous aurez construit, par approximation, le quart du méridien. La 1ʳᵉ ligne AC fait avec XY un angle de 1º, la 2ᵉ un angle de 2º, la 3ᵉ un angle de 3º, enfin la 90ᵉ un angle de 90º; c'est-à-dire que cette droite est perpendiculaire sur XY.

On regarde ordinairement comme évident que, dans une courbe qui, comme celle que nous venons de construire, va en s'aplatissant de B en M, la perpendiculaire MN est moindre que BN; mais on peut le démontrer aussi d'une manière très-élémentaire, comme le voici :

On a $HD < HA + AC$ ou $< HA + AB$, ou enfin, $< HB$; de même $IE < IH + HD < IB$; de même $KF < KI + IE < KB$; de même $LG < LK + KF < LB$; de même enfin, $MN < NL + LG < NB$: ce qu'il fallait démontrer.

Dans cette démonstration, aussi bien que dans la construction qui la précède, nous n'avons pris que 6 angles de 15 degrés chacun, pour abréger la démonstration, et donner plus de netteté à la figure; mais on conçoit qu'il en serait de même avec 90 angles de 1º chacun.

Le quart du méridien terrestre, mesuré dans l'hémisphère boréal, a donc à peu près la forme d'un quart d'ellipse; dont le demi grand axe aboutit à l'équateur, et le demi petit axe aboutit au pôle; ce quart d'ellipse différant lui-même très peu d'un quart de cercle.

59. On a également mesuré les degrés du méridien dans l'hémisphère austral, et on a trouvé qu'ils vont aussi en croissant de l'équateur au pôle, comme dans notre hémisphère. A la vérité, l'accroissement des degrés n'a pas été trouvé tout-à-fait le même, à des latitudes égales ; mais la différence d'accroissement est trop petite, pour que nous puissions en tenir compte ici. Aussi, continuerons-nous toujours de regarder la terre comme divisée par l'équateur en deux parties parfaitement symétriques.

Pour compléter ce qui est relatif à la forme de la terre, il faudrait encore vérifier si l'équateur et les parallèles sont des cercles, comme nous les avons supposés ; mais cette vérification n'a pas été faite, et c'est une opération qui manque à la science. MM. Biot et Arago étaient sur le point de la faire, lorsqu'ils en ont été empêchés par la guerre. Nous devons cependant faire observer que, avant d'avoir mesuré les degrés du méridien, on avait des raisons physiques, que nous ne pouvons donner ici, pour croire que la terre est une sphère aplatie vers les pôles, et que le méridien doit ressembler à une ellipse dont le grand axe est le diamètre de l'équateur ; mais que ces mêmes raisons n'existent plus pour l'équateur et pour les parallèles ; et qu'enfin, tout porte à croire, au contraire, que ces courbes sont des cercles parfaits.

Nous devons donc regarder la terre comme une sphère un peu aplatie du côté des pôles, ou comme le volume engendré par un demi-cercle un peu renflé vers son milieu, tournant autour de son diamètre. Ce diamètre est l'axe du monde, et le milieu de ce diamètre est le centre de la terre, et en même temps celui de la sphère céleste.

60. La distance du centre de la terre au pôle s'appelle *demi-diamètre du pôle*, et la distance du centre à un point de l'équateur est toujours le *rayon* ou *demi-diamètre de l'équateur*.

Pour obtenir les longueurs de ces demi-diamètres , on a construit une courbe semblable au méridien terrestre par le moyen que nous avons donné. Dans cette courbe , que je supposerai construite dans des dimensions un million de fois plus petites , on a mesuré le demi-diamètre de l'équateur et le demi-diamètre du pôle sur cette courbe ; et , en multipliant par un million , on a eu le demi-diamètre à l'équateur et le demi-diamètre au pôle du globe terrestre. Voici les résultats exprimés en toises et lieues de 2280 toises :

Demi-diam. de l'équateur, 1435 l. , ou 3 271 928 toises;

———————— du pôle......., 1430   ou 3 261 201

Ces distances ont été trouvées d'après les nouvelles opérations de MM. Biot et Arago, qui donnent, pour le quart du méridien terrestre, 5 131 111 toises.

La demi-somme des deux demi-diamètres , ou le *demi-diamètre moyen* , est de 1432' , 7.

La différence entre le demi-diamètre de l'équateur et celui du pôle de 4' , 6. Cette différence est ce qu'on appelle la mesure de l'*aplatissement* : elle est d'environ le 311e du demi-diamètre moyen.

61. Dans la forme que nous venons de donner du globe terrestre , nous avons fait abstraction des inégalités du terrein; parce que ces inégalités sont rares et peu sensibles. La plus haute montagne du globe n'a pas plus de deux lieues d'élévation au-dessus du niveau des mers. M. Francœur remarque que, si l'on représentait la terre par un globe de six pieds de rayon , les montagnes les plus élevées y seraient à peu près représentées par une éminence d'une ligne ; et que les aspérités de la peau d'une orange sont plus sensibles sur sa surface.

La surface du globe terrestre est de 25 790 000 lieues carrées (environ 149 milliards d'arpents), dont les $\frac{3}{5}$ environ sont couverts par la mer.

On aurait aussi, avec assez d'approximation, le volume de la terre, en multipliant sa surface par le tiers de son demi-diamètre moyen.

Réflexions sur le mouvement diurne.

62. Nous avons dit, au commencement de cet ouvrage, que tous les astres tournent autour d'une droite qui va de notre œil au pôle. Nous avons ensuite fait observer, qu'il est plus rationnel de supposer cet axe passant par le centre même de la terre, en ajoutant que les autres lignes, qui vont d'un autre point de la terre au pôle, ne sont que des axes sensibles ; de sorte que la terre et le ciel ne sont autre chose que deux sphères, dont l'une a un rayon fini et déterminé, et l'autre un rayon si grand, par rapport à celui de la première, que nous avons pu regarder celui-ci comme nul, par rapport au rayon de la sphère céleste. Ces deux sphères ont

un axe commun, autour du quel la grande paraît tourner
d'orient en occident. Si, au lieu d'admettre ce mouvement,
nous supposions que le ciel est immobile, et que la terre
tourne en sens contraire, c'est-à-dire d'occident en orient,
les mêmes apparences auraient lieu exactement. Nous avons
donc à choisir entre ces deux hypothèses.

L'habitude que nous avons d'éprouver des secousses dans
presque tous nos mouvements de translation, nous fait regarder ces secousses comme inséparables du mouvement;
et, toutes les fois que nous ne les ressentons pas, nous
sommes portés à nous croire immobiles; mais peut-être ju-
geons-nous que les étoiles tournent autour de nous; comme,
quand nous sommes placés sur un bateau qui s'éloigne du
bord, nous jugeons que c'est le rivage qui fuit; et notre
raison ne pourrait-elle pas redresser notre premier jugement
sur le mouvement des astres, comme elle a redressé notre
illusion sur celui du rivage?

Quand même le grand éloignement des étoiles, et le
chemin immense qu'elles auraient à parcourir chaque jour,
ne suffiraient pas pour nous faire attribuer le mouvement à
la terre, est-il possible de supposer que la multitude innom-
brable des étoiles, qui ne sont pas à la même distance de
l'axe, se trouvent avoir des vitesses telles, qu'elles tournent
en même temps autour de cet axe, de manière à conserver
toujours la même position, les unes par rapport aux autres?
et, n'est-il pas beaucoup plus simple d'expliquer l'ensemble
du mouvement diurne par la rotation de la terre autour de
l'axe?

Les diverses positions, que cette rotation nous donne sur
le globe terrestre, ne doivent pas être un obstacle pour nous
à l'adoption de cette opinion, une fois qu'on s'est bien pé-
nétré de la direction de la pesanteur et du sens de son action.

Les raisons que nous venons de donner, nous paraissent

suffisantes, pour faire croire plutôt à la rotation de la terre autour de son axe, qu'à la révolution des astres autour de nous. Cependant nous y ajouterons encore plus tard des raisons physiques. Du reste, l'une et l'autre hypothèse, s'accordent également avec l'explication des phénomènes que nous avons vus jusqu'ici, et même d'un grand nombre de ceux que nous verrons par la suite; mais, comme il est souvent plus commode, dans les explications sur la position relative des corps et sur leurs mouvements, de tout rapporter au lieu qu'on occupe, supposé fixe, nous continuerons de dire : le mouvement des astres; au lieu de dire : le mouvement de rotation de la terre autour de son axe.

CHAPITRE III.

Du Soleil.

XI.

MOUVEMENT PROPRE DU SOLEIL. — ÉCLIPTIQUE ; SON INCLINAISON SUR L'ÉQUATEUR ; POINTS ÉQUINOXIAUX ; POINTS SOLSTICIAUX. — ZODIAQUE. — TROPIQUES.

63. On pourrait croire que, dans un cours d'astronomie, le premier corps céleste à étudier est le soleil, ensuite la lune, et que les étoiles ne doivent venir qu'après ces deux astres les plus importants et les plus utiles à connaître. Je répondrai à cette objection, en rappelant une remarque que j'ai déjà faite plus haut, lorsque j'ai défini les étoiles fixes. Comme les étoiles sont seules assujetties au mouvement régulier d'orient en occident, que nous avons observé ; et, comme le soleil, la lune et les planètes ont, outre ce mouvement commun à tous les astres, un mouvement qui leur est propre, il était naturel d'expliquer le mouvement commun à tous les astres, avant le mouvement particulier à quelques-uns d'entre eux.

64. L'observation la plus grossière suffit pour faire voir, que le lever et le coucher du soleil n'ont pas lieu aux mêmes points de l'horizon, en été qu'en hiver, que la hauteur mé-

ridienne de cet astre n'est pas la même dans ces deux saisons ; ou, en d'autres termes, que *la déclinaison du soleil est variable*.

Si, un jour, on fait attention aux étoiles qui accompagnent le soleil à son lever ou à son coucher, ou qui passent au méridien en même temps que lui, on verra que, le lendemain, elles l'auront devancé ; que, le surlendemain, elles le devanceront encore davantage, et que, par conséquent, *l'ascension droite du soleil est aussi variable*.

Cette double remarque nous conduit naturellement à suivre la marche du soleil dans le ciel, et à observer, chaque jour, l'ascension droite et la déclinaison de cet astre, afin de marquer sa route sur la sphère céleste. Par la hauteur méridienne du soleil, on connaîtra facilement sa déclinaison ; et le moment de son passage au méridien, comparé avec celui du passage de l'origine, donnera son ascension droite.

65. Mais, pour observer la position du soleil, à un instant donné, il se présente une première difficulté. Le soleil n'est pas pour nous un point, comme une étoile ; et, pour mettre un peu de précision dans les observations, on doit convenir du point qu'on appellera le soleil, et dont on cherchera la position dans le ciel. C'est ordinairement le centre du disque apparent. Ainsi nous devons commencer par donner le moyen de déterminer la hauteur méridienne du centre du soleil, et l'instant précis du passage de ce centre au méridien. Voici comment on fait :

Dans une lunette dont on a noirci un verre, pour la rendre propre à fixer le soleil, et qui ne peut tourner que dans le plan méridien, on place des fils horizontaux équidistants et très-rapprochés les uns des autres. Avec cette lunette, on regarde le soleil au moment de son passage au méridien, et on remarque à quels fils s'arrêtent le bord supérieur et le bord inférieur de cet astre. On prend le milieu entre les deux fils, et la ligne, qui va de l'œil au point de cette ligne moyenne qui est dans le méridien, est dirigée vers le centre du soleil; et l'angle, que cette droite fait avec la méridienne, est la hauteur méridienne de l'astre.

Pour avoir ensuite le moment du passage du soleil au méridien, on observe l'heure du passage du bord droit de cet astre, puis l'heure du passage du bord gauche : la moyenne entre les deux temps, est le moment du passage du centre du soleil au méridien.

66. Les opérations, que nous venons d'indiquer, et qui ont pour but de réduire le soleil à un point, ne sont pas les seules précautions nécessaires, pour avoir la position du soleil dans la sphère céleste. Comme le centre de cette sphère est le centre même de notre globe, c'est de ce point qu'il faut viser le soleil; et, un astre doit toujours être rapporté au point du ciel qu'il cacherait à un observateur placé au centre de la terre. Tant qu'il n'a été question que des étoiles, l'œil de l'observateur, quelle que fût sa position sur le globe, a pu remplacer le centre, à cause de l'immense éloignement de ces corps célestes. Mais, il n'en est peut-être pas de même du soleil; et, en prenant ainsi des points A, B (fig. 16) à la surface de la terre, au lieu du point O, peut-être rapportons-nous le soleil à différents points du ciel C, D, assez éloignés du point I, où le soleil doit être rapporté, pour que nous devions en tenir compte. C'est ce que nous serons à même d'apprécier, quand nous aurons mesuré *la parallaxe du soleil*.

Nous avons appelé la parallaxe d'un astre, l'angle sous lequel on verrait le rayon terrestre, si l'on était placé à cet astre. Nous allons donner le moyen d'obtenir la parallaxe du soleil.

Deux personnes se placent en deux points A et B (fig. 17) du globe terrestre, sur le même méridien, et observent en même temps le passage du centre du soleil S au méridien commun. Chacune d'elles mesure l'angle que le rayon visuel mené à l'astre fait avec la verticale du lieu où elle se trouve ; de sorte, qu'en supposant les points A et B joints avec le centre O de la terre, on a un quadrilatère $SAOB$, dans lequel on connaît l'angle O, qui est donné par la différence des latitudes des points A et B, les côtés OA, OB dont chacun est égal au rayon terrestre, et les angles SAO, SBO qui ont été observés ; et il ne sera pas difficile de construire un quadrilatère semblable, puis de joindre SO, et d'en conclure la grandeur de l'angle ASO, c'est-à-dire la parallaxe ; et ensuite la distance SO, dont nous aurons aussi besoin plus tard ; mais, revenons à la parallaxe.

La parallaxe ne reste pas la même, si l'on change les stations, ou si, sans changer les stations, on fait les observations à une autre époque de l'année. Elle n'est pas la même pour le rayon OA que pour le rayon OB. Elle dépend du degré d'obliquité sous lequel on voit du point S le rayon terrestre AO, c'est-à-dire de l'angle SAO, ou de son supplément SAZ. Mais, une fois qu'on connaît la parallaxe sous un certain angle SAZ, une construction fort simple nous donnera la parallaxe sous d'autres angles $S'AZ$, $S''AZ$. Il suffit pour cela de décrire, du point O comme centre, avec OS comme rayon, un cercle $SS'S''$, puis de mener par le point A des droites AS', AS'', qui fassent avec AZ des angles égaux aux angles donnés, et enfin de joindre $S'O$, $S''O$; et, les angles S', S'' donnent la parallaxe à les différentes hauteurs. Si la droite AS'' est perpendiculaire sur AZ, la parallaxe $AS''O$ s'appelle *parallaxe horizontale*.

Pour les constructions que nous venons d'exposer, il faut prendre les deux points A et B, le plus éloigné possible

l'un de l'autre ; et, malgré cela, elles sont encore peu commodes. il y a une telle disproportion entre les côtés du quadrilatère $SAOB$, et l'angle ASB est si petit, qu'il est impossible d'espérer la moindre précision dans les résultats.
Mais la trigonométrie donne le moyen de calculer, avec
toute l'exactitude possible, tous les angles qui se trouvent
dans les figures rectilignes qu'on sait construire. C'est
donc à l'aide de la trigonométrie qu'on a calculé la parallaxe
S, puis la parallaxe horizontale S'', dont on a déduit ensuite la parallaxe à toutes les hauteurs. La parallaxe, qui
est nulle pour les étoiles, a été trouvée un petit angle pour
le soleil. La parallaxe horizontale de cet astre est de 8 à 9
secondes.

La parallaxe horizontale d'un astre, qui est le plus grand
angle sous le quel on puisse de cet astre voir le rayon
terrestre, a aussi cela de remarquable, qu'elle est la moitié de
l'angle sous le quel on verrait le globe terrestre, si l'on était
placé à l'astre, comme il est aisé de le voir en menant la
seconde tangente $S''C$.

67. Quoique la parallaxe du soleil soit un angle très-petit,
il est cependant nécessaire d'en tenir compte dans les observations astronomiques qui demandent un peu de précision,
pour placer convenablement le soleil dans la sphère céleste.
Nous allons y avoir égard dans la recherche que nous allons
donner de la distance zénithale du soleil, dont nous pouvons
toujours déduire la déclinaison de l'astre.

Soit O (fig. 17) le centre de la terre, A le lieu de l'observation ; OAZ sera la verticale ; et, si le soleil est en S à
son passage au méridien, sa distance zénithale est l'angle
ZOS, et non l'angle ZAS, qui est le seul qu'on puisse
observer du point A, mais l'angle $ZOS = ZAS - ASO$.
C'est-à-dire que, pour avoir la distance zénithale, il faudra

retrancher de l'angle que fait le rayon visuel mené à l'astre avec la verticale, la parallaxe du soleil calculée pour la hauteur où se trouve cet astre au moment de l'observation.

La parallaxe va en diminuant depuis l'horizon, où elle est égale à 8 ou 9 secondes, jusqu'au zénith, où elle est nulle.

Il est bien entendu que, pour mesurer l'angle ZAS, il faut tenir compte de la réfraction, qui, pour le soleil, est beaucoup plus considérable que la parallaxe. La réfraction est à retrancher de la hauteur méridienne, ou à ajouter à sa distance zénithale apparente ; et, en ayant égard à ces deux causes de déplacement apparent d'un astre, on voit que la distance zénithale d'un astre est égale à la distance zénithale apparente, plus la réfraction, moins la parallaxe. La distance zénithale étant connue, on aura facilement la déclinaison. (V. n° 25).

Nous avons déjà dit que les astronomes ont fait des tables de réfraction pour toutes les hauteurs, afin de corriger les hauteurs apparentes des étoiles. Ils ont également fait des tables qui contiennent, pour toutes les hauteurs, la réfraction diminuée de la parallaxe du soleil, afin de faire les deux corrections à la fois dans les observations sur cet astre.

68. Maintenant que nous savons trouver avec exactitude l'ascension droite et la déclinaison du centre du soleil, rien ne sera plus facile que de trouver la ligne qu'il décrit dans la sphère céleste, et de tracer sa route sur le globe qui la représente. Pour cela, il suffira d'observer, chaque jour, l'ascension droite et la déclinaison de cet astre à son passage au méridien, de rapporter toutes ses positions sur le globe céleste, et enfin, de joindre tous ces points par une ligne qui sera la route du soleil, et qu'on appelle *écliptique*.

En considérant l'écliptique sur la sphère céleste, on a reconnu que c'est un grand cercle de cette sphère, et que, par conséquent, la moitié du cours du soleil est dans l'hémisphère boréal, et l'autre moitié dans l'hémisphère austral ; que ce grand cercle est incliné de 23° — 28′ sur le plan de l'équateur, et que le soleil parcourt l'écliptique en sens contraire du mouvement diurne, c'est-à-dire d'occident en orient.

L'un des points de rencontre de l'écliptique avec l'équateur, celui où se trouve le soleil au moment où il va entrer dans l'hémisphère boréal, se marque du signe ♈. C'est lui qu'on prend ordinairement pour origine dans la sphère céleste.

Il ne nous reste plus pour compléter ce qui est relatif au mouvement propre du soleil, qu'à donner le temps pendant lequel cet astre parcourt l'écliptique.

69. C'est après un peu plus de 366 révolutions sidérales que le soleil est revenu à un point du ciel si peu éloigné du point de départ, que nous dirons, pour le moment, qu'il est revenu au même point du ciel. Le nombre des révolutions solaires, qu'on peut vérifier par le nombre des points marqués sur le globe céleste, n'est que de 365. Il est facile de concevoir la raison de cette différence. En effet, considérant les points que nos observations quotidiennes nous ont fait marquer sur notre globe céleste (que les distances de deux points consécutifs soient ou ne soient pas égales), on comprend que le soleil, après sa première révolution diurne, sera en arrière de l'étoile qu'il cachait au moment du départ de la première distance ; après deux révolutions, des deux premières distances, etc, ; enfin après ses 365 révolutions, des 365 distances, ou d'une révolution entière.

On appelle *année* le temps écoulé entre le départ du soleil d'un certain point du ciel, et son retour au même point. L'année se compose environ de 366 *révolutions sidérales* $\frac{1}{4}$ pendant lesquelles le soleil n'en fait que 365 $\frac{1}{4}$. On appelle *jour solaire*, ou plus simplement *jour*, le temps écoulé entre le départ du soleil d'un certain cercle horaire et son retour au même cercle considéré comme fixe, et ne tournant pas avec le ciel, ou le temps écoulé entre deux passages consécutifs du soleil au méridien; de sorte, qu'il y a environ 365 jours $\frac{1}{4}$ dans l'année. On verra que ces jours ne sont pas tout-à-fait égaux. Ce qui fait qu'on ne peut prendre le jour solaire pour unité de temps, qu'en faisant une convention qui lui donnera une valeur fixe et déterminée.

70. Les intersections de l'écliptique avec l'équateur s'appellent *points équinoxiaux*; parce que, quand le soleil est à l'un de ces points, il décrit dans son mouvement diurne l'équateur céleste, qui est divisé en deux parties égales par l'horizon de chaque lieu de la terre; et donne ainsi des jours égaux aux nuits, pour tous les points du globe terrestre.

Le point d'intersection de l'écliptique et de l'équateur, où se trouve le soleil, lorsqu'il va entrer dans l'hémisphère boréal, s'appelle *équinoxe du printemps :* l'autre point d'intersection, où se trouve le soleil, lorsqu'il va entrer dans l'hémisphère austral, est *l'équinoxe d'automne.*

Les points de l'écliptique qui sont à 90 degrés des points équinoxiaux, s'appellent points *solsticiaux*, parce qu'à ces points et aux environs de ces points, le soleil paraît stationnaire, du moins pour la déclinaison. L'un de ces points est dans l'hémisphère boréal, et l'autre dans l'hémisphère austral. Le premier s'appelle *solstice d'été*, et l'autre *solstice d'hiver*.

Les points équinoxiaux et les points solsticiaux divisent l'écliptique en quatre parties égales.

Le cercle horaire qui passe par les points équinoxiaux, et celui qui passe par les points solsticiaux, sont appelés les *deux colures*. Ces deux grands cercles sont perpendiculaires entre eux.

71. Pour mieux reconnaître la route du soleil dans le ciel, on a dû observer les constellations qui se trouvent sur son passage ; mais, comme ces constellations ne se sont pas trouvées exactement sur la ligne qu'il décrit, on a été obligé d'en considérer quelques-unes, qui s'en éloignent un peu. On a tracé dans le ciel, de chaque côté de l'écliptique, deux cercles parallèles à ce grand cercle, et éloignés de lui d'environ 8 degrés ; et la zône céleste comprise entre ces deux cercles, et qui contient douze constellations à peu près équidistantes, a été appelée *zodiaque*.

Le zodiaque est donc une zône céleste, d'environ 16 degrés de largeur, et traversée dans son milieu par l'écliptique. On divise cette zône en 12 parties égales par des arcs perpendiculaires à l'écliptique. L'espace compris entre deux lignes de division, s'appelle un *signe*. Si le mouvement propre du soleil était uniforme, chaque signe répondrait à un douzième de l'année. Le premier signe commence à l'équinoxe du printemps, le quatrième au solstice d'été, le septième à l'équinoxe d'automne, et le dixième au solstice d'hiver.

Les noms donnés à ces signes sont :

1.	*Le Bélier*	♈	7. *La Balance*	♎
2.	*Le Taureau*	♉	8. *Le Scorpion*	♏
3.	*Les Gémeaux*	♊	9. *Le Sagittaire*	♐
4.	*Le Cancer*	♋	10. *Le Capricorne*	♑
5.	*Le Lion*	♌	11. *Le Verseau*	♒
6.	*La Vierge*	♍	12. *Les Poissons*	♓

Ces noms sont les mêmes que ceux qu'on a donnés aux constellations zodiacales ; et, à l'époque où le zodiaque a été inventé, ces constellations se trouvaient dans les signes de mêmes noms. Depuis, la suite des siècles a amené un changement notable dans la position de l'écliptique dans le ciel, et la division du zodiaque, par rapport aux constellations qui s'y trouvent, a éprouvé une altération assez considérable :

de sorte que les constellations ne sont plus dans les signes qui portent leurs noms. Nous parlerons de ces changements quand nous en serons à la précession des équinoxes.

Le zodiaque qu'on voit dans plusieurs temples anciens, tel que le zodiaque de Denderah, représente un bélier dans le signe du bélier, un taureau dans le signe du taureau, et ainsi de suite. Ces figures sont encore souvent conservées dans les globes qui représentent la sphère céleste; mais elles n'ont aucun rapport avec les figures des constellations qu'elles représentent dans le ciel. On trouverait plutôt quelque rapport entre les noms donnés à ces signes, et les travaux de l'agriculture, ou les occupations de l'homme aux époques de l'année auxquelles ces signes correspondent. Pluche a expliqué ces signes d'une manière satisfaisante; mais les bornes de cet ouvrage nous empêchent de répéter ici ces explications, qui, d'ailleurs, sortent un peu de notre sujet.

72. Les parallèles célestes, menés par les points solsticiaux, s'appellent *tropiques célestes*. Le tropique qui passe par le solstice d'été, s'appelle *tropique du cancer*; et celui qui passe par le solstice d'hiver, s'appelle *tropique du capricorne*. Chacun des deux tropiques est éloigné de l'équateur de 23° — 28'; le premier dans l'hémisphère boréal, et le second dans l'hémisphère austral.

XII.

INÉGALITÉ DES JOURS ET DES NUITS. — SAISONS. — CLIMATS.

73. Ce qui distingue le jour de la nuit dans un lieu, c'est la présence du centre du soleil au-dessus de l'horizon sensible de ce lieu, quand même cette présence ne serait que

rendue apparente par l'effet de la réfraction. Mais ici nous
ne tiendrons pas compte de la réfraction ; nous prendrons
aussi l'horizon rationnel, au lieu de l'horizon sensible, et
nous dirons qu'il fait jour ou nuit dans un lieu, suivant que
le centre du soleil est, ou n'est pas au-dessus de l'horizon
rationnel de ce lieu. C'est en partant de cette convention,
qu'on compare ordinairement la longueur des jours à celle
des nuits pour les différents lieux du globe, et aux différentes
époques de l'année.

74. Pour mieux apprécier le temps de la présence du
soleil au-dessus de l'horizon d'un lieu, nous allons suivre cet
astre dans toutes les positions qu'il prend dans la sphère
céleste, en vertu du mouvement diurne et en vertu du mouvement annuel. A l'équinoxe du printemps, le soleil est dans
l'équateur, et décrit ce cercle en vertu du mouvement diurne ;
puis il entre dans l'hémisphère boréal, et décrit, dans les
trois signes qui suivent, des parallèles qui s'éloignent de plus
en plus de l'équateur. A la fin du troisième signe, il décrit le
tropique du cancer. Dans les trois signes suivants, il décrit
des parallèles qui se rapprochent de plus en plus de l'é-
quateur. Au bout du sixième signe, il décrit de nouveau l'é-
quateur ; puis il entre dans l'hémisphère austral ; et, dans les
trois signes suivants, il décrit des parallèles qui se rapprochent de plus en plus du tropique du capricorne, qu'il décrit
à la fin du neuvième signe. Enfin, dans les trois derniers
signes il décrit des parallèles qui se rapprochent de plus en
plus de l'équateur, qu'il décrit à la fin du douzième signe ;
puis recommence de la même manière.

75. Voyons d'abord ce qu'il en résulte pour un point de
l'équateur terrestre. L'horizon rationnel d'un point quelconque de l'équateur, passant par l'axe du monde, divise en

parties égales l'équateur céleste, et tous les parallèles décrits par le soleil. Donc, *pour chaque point de l'équateur terrestre, les jours sont égaux aux nuits à toutes les époques de l'année;* et, pour cette raison, l'équateur terrestre s'appelle aussi *ligne équinoxiale.*

Mais il n'en est pas de même des lieux en dehors de l'é-quateur terrestre. L'horizon de ces lieux, ne passant plus par l'axe, divise bien encore l'équateur céleste en parties égales, mais divise les parallèles célestes en parties inégales. Pour un point a (fig. 18), situé dans l'hémisphère terrestre boréal, tous les parallèles compris entre l'équateur EE' et le tropique TT', ont leur plus grande partie au-dessus de l'horizon, et tous les parallèles compris entre l'équateur et le tropique SS' ont, au contraire, leur plus grande partie au-dessous. Ainsi, pendant que le soleil sera dans les six premiers signes, le point a et tous les autres points de l'hé-misphère boréal auront les jours plus grands que les nuits; et, pendant que le soleil sera dans les six derniers signes, le point a et tous les points de l'hémisphère boréal auront les nuits plus grandes que les jours, et le jour ne sera égal à la nuit que lorsque le soleil sera dans l'équateur : ce qui n'ar-rivera que deux fois dans l'année, aux deux points que nous avons appelés équinoxiaux.

On conçoit du reste, que plus le soleil sera près du tro-pique du cancer, plus les jours seront longs pour le point a, et que plus il sera près du tropique du capricorne, plus les nuits seront longues pour le même point. On conçoit aussi que plus le point a sera éloigné du point e, plus, dans les six premiers signes, les jours surpasseront les nuits; et plus aussi dans les six derniers, les nuits surpasseront les jours. Nous reviendrons bientôt sur les diverses positions du point a. Seulement, nous ferons remarquer que tout ce que nous venons de dire, et tout ce que nous allons encore ajouter sur les saisons, aurait lieu en sens inverse, si le point *a* était situé dans l'hémisphère austral.

76 Cette circonstance des jours plus grands que les nuits, lorsque le soleil est dans les six premiers signes ou dans l'hémisphère boréal, et les nuits plus longues que les jours, lorsqu'il est dans les six derniers signes ou dans l'hémisphère austral, joint à ce que, dans la première partie de l'année, la distance zénithale du soleil est moindre que dans la seconde (comme il est aisé de le voir sur la figure); et, par conséquent, sa chaleur plus considérable, a fait partager l'année en deux saisons principales : l'été, quand le soleil est dans les six premiers signes, ou dans l'hémisphère boréal; l'hiver, quand il est dans les six derniers signes ou dans l'hémisphère austral.

Le plus ordinairement on divise l'année en quatre saisons, qui sont : le printemps, l'été, l'automne et l'hiver.

Le printemps, quand le soleil est dans les trois premiers signes.

L'été, quand le soleil est dans le quatrième, le cinquième et le sixième signes.

L'automne, quand il est dans le septième, le huitième et le neuvième.

Enfin l'hiver, quand il est dans le dixième, le onzième et le douzième.

Bien que les jours soient aussi longs au printemps qu'en été, et le soleil aussi près du zénith, pour des jours à égale distance du solstice, il fait cependant plus chaud généralement pendant la seconde saison que pendant la première, à cause de la chaleur acquise; c'est-à-dire, parce qu'en été, la terre a conservé une partie de la chaleur qu'elle a reçue du soleil pendant le printemps. Par une raison analogue, il fait plus froid en hiver qu'en automne.

77. Pour bien faire sentir la différence des climats, nous

prendrons des points du globe à différentes latitudes, en re-
marquant que ce qui sera dit d'un point situé à une certaine
latitude, se rapporte à tous les points qui ont la même latitude, ou qui sont sur le même parallèle terrestre. Dans la
figure 18, qui a été construite, surtout pour l'explication
des climats, tous les plans sont perpendiculaires à celui sur
lequel se trouve le dessin, et ont été figurés par des lignes
droites qui sont les intersections ou traces de ces plans sur
la feuille de dessin. Nous commencerons par les points les
plus rapprochés de l'équateur.

Le soleil décrivant deux fois par an entre les tropiques
une suite de parallèles très-peu distants les uns des autres,
si l'on mène deux parallèles terrestres tt', ss', correspondants aux tropiques célestes TT', SS', un point quelconque a, compris entre ces deux parallèles terrestres qu'on
appelle *tropiques terrestres*, aura deux fois par an le soleil
au zénith A, ou très-près du zénith; et le soleil, considéré
toute l'année à son passage au méridien, sera tantôt du côté
du sud, tantôt du côté du nord, par rapport au zénith. Au
contraire, un point b ou b', situé en dehors des tropiques,
n'aura jamais le soleil au zénith B ou B', et aura toujours cet
astre du même côté à son passage au méridien : du côté du
sud, si, comme le point b, il est dans l'hémisphère boréal,
et du côté du nord, si, comme le point b', il est dans l'hémisphère austral.

Ensuite, les tropiques célestes étant déterminés par un
plan incliné sur l'équateur de $25^o — 28'$, lorsque l'horizon
HH' d'un lieu b fera avec l'équateur un angle plus grand
que $25^o — 28'$, il rencontrera les tropiques célestes, et
tous les parallèles compris entre ces deux tropiques, dans la
sphère céleste. Lorsqu'au contraire l'horizon KK' d'un lieu
c, fera avec l'équateur un angle plus petit que $25^o — 28'$,
il ne rencontrera plus les tropiques célestes et les parallèles

décrits par le soleil, qui sont peu distants des tropiques, dans la sphère céleste. Dans le premier cas, à toutes les époques de l'année, chaque révolution diurne du soleil se fera en partie au-dessus de l'horizon, en partie au-dessous. Dans le second cas, il y aura des révolutions diurnes entières qui se feront au-dessus de l'horizon, et d'autres qui se feront au-dessous.

Cela posé, si l'on prend, à partir de chaque pôle sur le méridien pep', des arcs pf, $p'g$ de $23^\circ - 28'$, l'horizon du point f qui est perpendiculaire à fo, fera avec l'équateur un angle de $23^\circ - 28'$; car l'angle des deux plans est mesuré par l'angle de leurs perpendiculaires of, op. Cet horizon aura donc sur l'équateur la même inclinaison que l'écliptique; et, comme ce grand cercle, déterminerait les tropiques célestes. Il en serait de même de l'horizon du point g. Et, si par les points f et g, on mène des parallèles ff', gg' qu'on appelle *cercles polaires*, il est évident qu'un point b ou b', situé entre les deux cercles polaires ff', gg', aura un horizon qui fera avec l'équateur un angle plus grand que $23^\circ - 28'$, et rentrera dans le premier cas; et qu'un point c ou c', situé au-delà des cercles polaires, aura un horizon qui fera avec l'équateur un angle plus petit que $23^\circ - 28'$, et rentrera dans le second cas.

Les tropiques terrestres séparent les points du globe qui ont le soleil à leur zénith, de ceux qui ne l'ont jamais. Les cercles polaires séparent les points du globe pour lesquels le soleil se lève et se couche chaque jour, de ceux pour lesquels, dans une certaine partie de l'année, le soleil fait tout sa révolution diurne au-dessus de l'horizon; et dans une autre partie de l'année, toute sa révolution diurne au-dessous.

Voyons enfin ce qui se passe aux deux pôles. L'horizon de chacun des deux pôles est l'équateur. Pendant que le soleil est dans les six premiers signes, il est au-dessus de l'horizon du pôle boréal ; et, pendant qu'il est dans les six derniers, il est au-dessous ; c'est-à-dire qu'il fait jour pendant la première partie de l'année, et nuit pendant la seconde. C'est le contraire pour l'autre pôle. Pour l'un et pour l'autre pôles, les parallèles décrits par le soleil sont parallèles à l'horizon.

Le tropique terrestre, qui est dans notre hémisphère, s'appelle *tropique du cancer ;* et l'autre, *tropique du capricorne.*

Le cercle polaire, qui est dans notre hémisphère, s'appelle *cercle polaire arctique ;* et l'autre, *cercle polaire antarctique.*

Les tropiques terrestres et les cercles polaires divisent naturellement la terre en cinq zônes. La zône comprise entre les deux tropiques, s'appelle zône torride. Les zônes comprises entre chaque tropique et le cercle polaire du même côté sont les deux zônes tempérées. Enfin les deux zônes comprises entre chaque cercle polaire et le pôle de même nom sont les deux zônes glaciales.

78. A l'équateur, où toute l'année les jours sont égaux aux nuits, le soleil est la moitié de l'année au-dessus de l'horizon, et l'autre moitié au-dessous. Et, en admettant (ce qui n'est vrai que par approximation), que le soleil mette le même temps à parcourir les six premiers signes que les six derniers, il en est de même à chacun des deux pôles, et de même aussi à tous les autres points du globe, où la brièveté des jours d'hiver est toujours compensée par la longueur des jours d'été. Mais il n'en résulte pas que tous les points du globe soient également échauffés par le soleil ; car la chaleur qu'un lieu reçoit du soleil ne dépend pas seulement du temps de la présence de cet astre au-dessus de l'horizon du lieu,

mais bien aussi de sa hauteur. C'est pourquoi, il fait plus chaud dans la zône torride que dans les zônes tempérées, et plus chaud dans celles-ci que dans les zônes glaciales.

La différence de température en été et en hiver, dans un lieu donné, est en général d'autant plus grande, que ce lieu est plus éloigné de l'équateur.

79. Bien que tous les points d'un même parallèle, ou de deux parallèles équidistants de l'équateur reçoivent la même chaleur du soleil, et qu'un point reçoive du soleil une chaleur d'autant moindre que sa latitude est plus grande, il y a cependant des points du même parallèle, où la température moyenne n'est pas la même, et il y a même des points plus près de l'équateur, qui sont plus froids que d'autres points plus éloignés. Mais cela tient à d'autres circonstances, comme à l'élévation du sol, au voisinage de la mer ou des montagnes, circonstances dont il serait souvent difficile de rendre compte, et qui, d'ailleurs, sortent un peu de notre sujet.

XIII.

VARIATION DU DIAMÈTRE APPARENT DU SOLEIL. — ORBITE ELLIPTIQUE. — APOGÉE. — PÉRIGÉE. — DISTANCE MOYENNE. — GRANDEUR DU SOLEIL.

80. Ce qu'on entend par diamètre apparent d'un astre en général, c'est l'angle sous lequel nous le voyons. Le diamètre apparent du soleil qu'on a surtout besoin de connaître, et que nous allons bientôt chercher, est l'angle sous lequel nous le verrions, si nous étions placés au centre de la terre.

Le moyen, qui se présente d'abord, de mesurer le diamètre apparent du soleil, serait de mener des rayons visuels aux extrémités d'un même diamètre du disque apparent de cet astre, et de mesurer l'angle de ces deux rayons visuels. Cet angle ne serait que celui sous lequel on voit le soleil d'un point de la surface de la terre, et non du centre. On pourrait bien, à la vérité, corriger cette petite différence; mais il est aisé de voir que ce moyen manque de précision. En voici un autre qui donne le diamètre apparent avec beaucoup plus d'exactitude.

Au moyen d'un fil vertical, placé dans une lunette méridienne, on vise le bord droit du soleil, lorsqu'il passe au méridien, et on note l'instant du passage. On note également l'instant du passage du bord gauche. Comme, dans la différence de ces deux temps, le bord gauche a remplacé le bord droit, on en conclut que le soleil met ce temps à parcourir un arc de son cercle diurne égal à celui que soutend le diamètre du disque apparent, ou l'arc qui mesure l'angle sous lequel on verrait ce diamètre, si l'on était au centre du cercle décrit. De sorte que, pour avoir cet angle, il faudra établir la proportion : le temps de la révolution diurne est au temps observé, comme quatre angles droits sont à l'angle sous lequel, du centre du cercle diurne, on verrait le diamètre du soleil. Mais le centre du cercle diurne, décrit par le soleil, est le pied de la perpendiculaire abaissée du soleil sur l'axe du monde, et non pas le centre de la terre. Pour avoir l'angle sous lequel, du centre de la terre, on verrait le diamètre du soleil, remarquons d'abord que les rayons visuels, menés du centre de la terre au diamètre du soleil, et les rayons visuels menés du cercle diurne à ce diamètre, forment deux triangles isocèles qui ont même base. Ensuite, il n'est pas difficile de voir que, dans deux triangles isocèles qui ont une base commune très-petite, les angles des sommets peuvent être regardés, sans erreur sensible, comme réciproquement proportionnels aux côtés qui comprennent ces angles.

Cela posé, si l'on suppose le soleil en A (fig. 19) à une distance AE de l'équateur céleste EE' ; et si du point A on abaisse AI perpendiculaire sur l'axe, l'angle sous lequel, du point O, centre de la terre, on verrait le diamètre du soleil, sera à l'angle sous lequel on le verrait du point I (angle qu'on vient de déterminer) comme $AI : AO$. Et le diamètre apparent du soleil s'en déduira très-facilement.

Lorsque le soleil sera dans l'équateur, le point I se confondra avec le point O ; et l'angle, trouvé par la première proportion, sera l'angle cherché ; c'est-à-dire l'angle sous lequel on verrait le diamètre du soleil, si l'on était placé au centre de la terre.

Le calcul trigonométrique remplace avec avantage la construction du côté AI, et la recherche du rapport de AI à AO.

81. On a mesuré, à différents jours de l'année, le diamètre apparent du soleil par le moyen que nous venons d'indiquer, et on n'a pas trouvé le même angle. On en a conclu que le soleil n'est pas toujours à la même distance de la terre. Et, comme le rapport des diamètres apparents est inverse de celui des distances, on a pu construire, par l'observation journalière du diamètre apparent du soleil, des lignes proportionnelles aux distances de cet astre à la terre, pour tous les jours de l'année.

82. Quand nous avons dit que l'écliptique est un grand cercle de la sphère céleste, et que nous l'avons tracé sur le globe qui la représente, nous n'avons pas entendu par-là que l'écliptique appartient réellement à la sphère céleste, et est aussi éloigné de nous que le sont les étoiles, puisqu'au contraire, nous avons appuyé sur ce que la parallaxe du soleil est de quelques secondes, tandisque la parallaxe des étoiles

est nulle. Nous avons seulement voulu dire que la courbe décrite par le soleil est dans un plan qui passe par le centre de la terre, et le grand cercle que nous avons tracé dans la sphère céleste n'est autre chose que l'intersection du plan de cette courbe avec la sphère céleste, ou l'ensemble de tous les points que le soleil nous cache successivement dans le ciel, pendant sa révolution annuelle. Voici le moyen de construire sur un plan une courbe semblable à celle que nous paraît décrire le soleil, en tenant compte, dans toutes ses positions, de sa distance à la terre.

Décrivez sur un plan un cercle d'un rayon égal à celui de votre globe céleste, et prenez sur la circonférence, à partir d'un point quelconque, des arcs égaux à ceux qui sont marqués sur l'écliptique céleste ; ce qui veut dire en d'autres termes : rapportez l'écliptique céleste, avec ses divisions, sur un plan. Maintenant joignez tous les points de division avec le centre, et portez sur tous les rayons, à partir du centre, des lignes proportionnelles aux distances du soleil à la terre, pour tous les jours de l'année correspondant aux points de division. Joignez enfin toutes les extrémités de ces droites par une ligne continue, et vous aurez une courbe semblable à l'écliptique. En faisant cette construction, on a trouvé que la courbe est une ellipse très-peu excentrique ; c'est-à-dire que la distance du foyer au centre est très-petite, relativement au grand axe ; et que, par conséquent, cette ellipse approche beaucoup du cercle.

On a démontré que, dans une ellipse, si l'on mène la ligne des foyers FOF' (fig. 1) qui passe par centre O, et si l'on prolonge cette droite jusqu'à l'intersection de la courbe aux deux points A et B, que FA est la plus longue distance du point F à la courbe, et FB la plus courte. Lorsque cette ellipse représente l'orbite du soleil, et qu'on suppose la terre en F, le point A est appelé *apogée* ou *aphélie*, et le point B, *périgée* ou *périhélie*. Les deux points *A* et *B* sont appelés les deux *apsides*, et la ligne *AB*, *ligne des apsides*. Le périgée correspond au premier janvier; mais ce n'est pas cette circonstance qui a fait prendre ce jour pour le premier de l'année : elle n'est qu'accidentelle, et nous verrons plus tard que la ligne des apsides change de position dans le ciel.

Nous venons de trouver des lignes proportionnelles aux distances du soleil à la terre pour tous les jours de l'année. D'ailleurs, dans la recherche de la parallaxe du soleil, nous avons donné le moyen de construire une ligne, qu'il nous restait à multiplier par un nombre donné, pour avoir, un certain jour de l'année, la distance du soleil à la terre. Il ne sera pas difficile d'en conclure la distance du soleil à la terre, tous les autres jours de l'année. Pour cela, on posera cette proportion : la distance du soleil à la terre, le jour de l'observation pour la recherche de la parallaxe, est à la distance cherchée du soleil à la terre, en un jour donné; comme le rayon vecteur de l'ellipse correspondant au premier de ces jours, est au rayon vecteur correspondant au second; ou bien encore comme le diamètre apparent du soleil, observé le second de ces jours, est au diamètre apparent, observé le premier. D'où on déduira la distance du soleil à la terre, le jour de l'année qu'on voudra.

Nous ferons encore observer, qu'on obtient beaucoup plus facilement et plus rigoureusement la première distance du soleil à la terre par un calcul trigonométrique, que par une construction graphique; et que toutes les autres distances ont aussi été trouvées par le calcul.

83. La distance du soleil à la terre, lorsque le soleil est à son *périgée*, est de 23 580 ray. terr. ou 53 780 420 [l.]
à son *apogée* . . . . . 24 388 ———— ou 34 958 540 [l.]
la distance moyenne de 23 984 ———— ou 34 559 470 [l.]

L'excentricité ou la distance du centre au foyer, est de 404 rayons terrestres, c'est-à-dire environ $\frac{1}{118}$ du grand axe.

84. C'est encore au moyen de la parallaxe du soleil, et, en comparant la parallaxe au diamètre apparent du soleil, qu'on est parvenu à trouver le diamètre de cet astre, et qu'on en a déduit son volume. Pour cela, on a d'abord remarqué quel était le diamètre apparent du soleil, le jour où l'on a mesuré la parallaxe. Déduisant de cette parallaxe, la parallaxe horizontale, et, doublant l'angle qu'on obtient, on a l'angle sous lequel on verrait la terre, étant placé au centre du soleil. Maintenant, connaissant à la fois l'angle sous lequel on voit le diamètre du soleil, étant placé au centre de la terre, et l'angle sous lequel on verrait le diamètre de la terre, étant placé au centre du soleil, il n'est pas difficile d'avoir le rapport des diamètres du soleil et de la terre. On a trouvé, le même jour, 1925'',3 pour le diamètre apparent du soleil, et 17'',16 pour le double de la parallaxe horizontale du soleil. D'où on conclut : le diamètre du soleil est au diamètre de la terre, comme 1925,3 : 17,16. Le résultat de l'opération donne pour le rapport du diamètre du soleil à celui de la terre, environ 112. Et, comme les volumes de deux sphères sont entre eux comme les cubes de leurs rayons ou de leurs diamètres, on en a conclu que le soleil est $112 \times 112 \times 112$ ou 1 404 928 fois gros comme la terre ; et, en négligeant les derniers chiffres, nous dirons que le soleil est environ 1 400 000 fois gros comme la terre.

XIV.

INÉGALITÉ DU MOUVEMENT ANGULAIRE DU SOLEIL. — INÉGALITÉ DE LA DURÉE DES SAISONS.

85. Si l'on mène un rayon vecteur du centre de la terre à celui du soleil, et si l'on suppose que le soleil, en décrivant l'écliptique dans son mouvement annuel, entraîne avec lui ce rayon vecteur, l'angle, qu'après un certain temps, la direction du vecteur dans la seconde position fait avec la première, s'appelle *mouvement angulaire;* et on appelle *mouvement angulaire uniforme*, celui dans lequel les angles, formés par les rayons vecteurs, sont proportionnels aux temps.

Si le mouvement angulaire du soleil était uniforme, bien que la longueur des jours puisse encore varier (comme nous le verrons plus tard), les quatre saisons seraient évidemment d'égale durée, et chacune, le quart de l'année; puisque l'écliptique céleste est divisé en quatre parties égales par les points équinoxiaux et solsticiaux.

Mais la vitesse angulaire du soleil n'est pas la même à tous les points de l'orbite : elle croît, lorsque la distance du soleil à la terre diminue. Képler a découvert que les vitesses angulaires sont réciproquement proportionnelles aux carrés des distances du soleil, et en a déduit ce beau théorème : que les aires des secteurs engendrés par le rayon vecteur sont proportionnelles aux temps.

86. Sans nous arrêter à ce théorème, dont nous n'avons pas besoin ici, nous remarquerons, que cette inégalité dans

le mouvement angulaire en produit une dans la durée des saisons. Voici leur durée exprimée en révolutions sidérales :

$$
\begin{array}{lrrr}
\text{Le printemps est de} & 93^{rs} & 3^h & 27' \\
\text{L'été} \ldots \ldots & 93 & 21 & 20 \\
\text{L'automne} \ldots & 89 & 22 & 56 \\
\text{L'hiver} \ldots \ldots & 89 & 7 & 6 \\
\hline
\text{Total} \ldots & 366^{rs} & 5^h & 50'
\end{array}
$$

Pendant que le soleil est dans l'hémisphère boréal, il se fait à peu près 187 révolutions sidérales ; et, pendant qu'il est dans l'hémisphère austral, il s'en fait seulement $179\frac{1}{4}$. Ce qui fait près de 8 révolutions de plus dans le premier hémisphère que dans le second. Aussi, ce que nous avons dit dans le n° 78, n'est-il vrai que par approximation.

XV.

LONGITUDE ET LATITUDE DES ASTRES. — PRÉCESSION DES ÉQUINOXES.

87. Puisque l'écliptique, considéré dans la sphère céleste, est un grand cercle qui, comme l'équateur, divise cette sphère en deux parties égales, on pourra substituer l'écliptique à l'équateur, et y rapporter les autres astres.

Par le centre de la terre on mènera une perpendiculaire au plan de l'écliptique. Cette droite, qui est l'axe de l'écliptique, percera la sphère céleste en deux points qui sont les pôles de l'écliptique, puis on déterminera un point de la sphère céleste, en se donnant la distance de l'origine (qui est toujours la même) au grand cercle mené par le point et par l'axe de l'écliptique, et la distance du point à l'écliptique. La première de ces distances s'appelle longitude céleste ; et la seconde, latitude.

Les longitudes et latitudes célestes ne correspondent pas aux longitudes et latitudes terrestres, ainsi que pourrait le faire croire la similitude des dénominations. Nous avons déjà fait voir la correspondance qui existe entre l'ascension droite et la longitude terrestre, aussi bien qu'entre la déclinaison et la latitude.

88. L'avantage qu'il y a souvent à substituer la longitude et la latitude céleste à l'ascension droite et à la déclinaison, c'est que, dans ce mode de détermination, la latitude du soleil étant toujours 0, il suffit de connaître sa longitude, pour avoir sa position dans le ciel. Il y a aussi avantage pour fixer dans la sphère céleste la position de la lune, des planètes, et même des étoiles qui sont près de l'écliptique, comme celles qui font partie des constellations zodiacales.

Les constellations boréales sont séparées des constellations australes par l'écliptique. Ainsi la latitude des premières est boréale, et celle des dernières est australe.

89. Nous avons dit que l'écliptique céleste est un grand cercle qui coupe l'équateur en deux parties égales. Ceci n'a lieu que par approximation; et, pour que ce fût rigoureusement vrai, il faudrait que les deux points équinoxiaux fussent toujours à 180° l'un de l'autre; mais il n'en est pas ainsi. Le soleil, parti d'un certain point du ciel à l'équinoxe du printemps, vient passer à l'équinoxe d'automne à un point de l'équateur qui n'est éloigné du point de départ que de 180° moins 25″, 05; puis passe de nouveau à l'équinoxe du printemps par un point éloigné de l'équinoxe d'automne aussi de 180° moins 25″, 05. Ainsi, le soleil, au lieu de revenir au point de départ, rencontre l'équateur en un point situé à 50″, 1 à l'occident de ce point.

L'irrégularité que nous constatons ici, et qui est connue

sous le nom de précession des équinoxes, est peu sensible pendant un petit nombre d'années; mais, par la suite des siècles, elle amène de grands changements dans la position de l'écliptique dans le ciel.

La précession des équinoxes, qui produit une rétrogradation de 50'', 1 par an, en produit une de 1° en un peu moins de 72 ans, et de 30° ou d'un signe en 2156 ans. Et, comme l'équinoxe a reculé environ d'un signe sur le point qui se trouve marqué, comme point équinoxial, dans les anciens zodiaques, on en a conclu qu'il y a environ ce temps (2156 ans) que le zodiaque est inventé. A l'époque de l'invention du zodiaque, l'équinoxe du printemps avait lieu lorsque le soleil entrait dans la constellation du bélier. Maintenant il a lieu lorsque le soleil entre dans la constellation des poissons. Cependant, pour que des signes de mêmes noms correspondent toujours aux mêmes saisons de l'année, la division du zodiaque en douze signes se fait toujours à partir de l'équinoxe du printemps. Le premier, où se trouve la constellation des poissons, n'en est pas moins le signe du bélier. Le second, où se trouve actuellement la constellation du bélier, est le signe du taureau, et ainsi de suite.

La précision des équinoxes doit ramener le soleil, à l'équinoxe du printemps, au même point du ciel après douze fois 2156 ans, ou après 25872 ans.

Il résulte du phénomène de la précession des équinoxes, que l'écliptique n'est une courbe plane et fermée que par approximation; et que c'est véritablement une suite de courbes presque planes, et qui se continuent les unes les autres : ou bien, si nous voulons considérer l'écliptique comme une courbe plane, il faudra ajouter que son plan change de position après chaque révolution, en restant toujours également incliné sur l'équateur.

90. C'est ici le lieu de parler d'une autre irrégularité de l'orbite du soleil. Dans cette orbite , la ligne des apsides n'a pas toujours la même position par rapport à la ligne des équinoxes : elle tourne dans le sens des signes. En 1250 , elle se confondait avec la ligne des solstices : le périgée était au solstice d'hiver , et l'apogée au solstice d'été. En 1750 , c'est-à-dire cinq cents ans après , la ligne des apsides faisait , avec celle des solstices, un angle de $8^o - 37'$, ainsi que l'a observé l'astronome Lacaille. En divisant $8^o - 57'$ par 500 , on obtient environ $62''$ pour le mouvement annuel de la ligne des apsides. M. Biot , en admettant toujours le même mouvement à la ligne des apsides , a calculé que cette ligne devait coïncider avec la ligne des équinoxes , environ 4000 ans avant l'ère chrétienne ; et fait observer , que c'est à peu près là l'époque où les chronologistes font remonter les premières traces du séjour de l'homme sur la terre.

La ligne des apsides divise l'orbite du soleil en deux parties parfaitement symétriques , dont chacune est parcourue par le soleil en la moitié du temps de la révolution totale. De sorte que , quand cette ligne se confond avec la ligne des équinoxes , le soleil est la moitié de l'année dans chacun des deux hémisphères célestes ; et ce que nous avons dit , au n° 78 , a lieu rigoureusement.

XVI.

INÉGALITÉ DES JOURS SOLAIRES. — TEMPS VRAI. TEMPS MOYEN. — ANNÉE SIDÉRALE. — ANNÉE ÉQUINOXIALE. — CADRAN SOLAIRE.

91. Les jours solaires ne sont pas d'égale durée pendant toute l'année ; c'est-à-dire qu'il n'y a pas le même intervalle de temps entre deux passages consécutifs du soleil au méri-

dien. Cette inégalité des jours ne tient pas seulement à la variation du mouvement angulaire du soleil, mais aussi à l'inclinaison de l'écliptique sur l'équateur. En admettant que la vitesse angulaire du soleil soit la même ; c'est-à-dire que cet astre, après chaque révolution sidérale, cache des étoiles équidistantes dans l'écliptique, chaque jour solaire se composerait d'un jour sidéral, plus le temps que le soleil, en vertu du mouvement diurne, mettrait pour aller du cercle horaire qui passe par une de ces étoiles au cercle horaire qui passe par la précédente. La première partie du jour solaire est bien constante, mais la seconde ne l'est pas : en effet, en admettant les cercles horaires construits, ils ne doivent pas être équidistants : ils seront plus rapprochés les uns des autres, auprès des points équinoxiaux qu'auprès des points solsticiaux ; par la double raison que les arcs d'écliptique qui les séparent, sont plus rapprochés de l'équateur, et que ces arcs, considérés comme des lignes droites, font avec les arcs d'équateur correspondants, considérés également comme des lignes droites, des angles plus grands auprès des premiers points qu'auprès des derniers. Ainsi, même dans l'hypothèse du mouvement angulaire uniforme, les jours ne seraient pas encore d'égale durée, à toutes les époques de l'année. Et, si l'on joint à ces causes d'irrégularité celle qui provient de la variation du mouvement angulaire, on conçoit qu'il peut y avoir une différence assez sensible entre certains jours de l'année, pris à différentes époques, quoique cette différence soit peu sensible pour deux jours consécutifs. C'est cette différence qui nous a empêché de prendre, jusqu'ici, le jour solaire pour unité de temps.

92. Les astronomes ont coutume du supposer un astre qui, partant d'un point de l'écliptique (de l'équinoxe du printemps) en même temps que le soleil, parcourt son orbite

dans le même sens que lui, mais avec une vitesse constante en ascension droite, et achève sa révolution en même temps que lui. Le temps de la révolution diurne de cet astre fictif s'appelle *jour moyen*, et le temps de la révolution diurne du soleil vrai, s'appelle *jour vrai*.

Il n'est pas difficile de trouver le rapport du jour moyen au jour sidéral, puisqu'il y a un jour de moins dans l'année qu'il n'y a de révolutions sidérales. Le jour moyen est égal à l'année entière ou à 566 rév. sid. $\frac{1}{4}$, divisées par le nombre des jours solaires qu'il y a dans l'année, ou par $565\frac{1}{4}$; ce qui donne 1 rév. sid. $0^{\text{h.}}\ 5'\ 56''$. Ainsi le jour solaire moyen surpasse le jour sidéral de $5'\ 56''$ (*T. S.*) Le jour sidéral, exprimé en temps solaire moyen, est $0^{\text{j.}}\ 25^{\text{h.}}\ 56'\ 4''$ (*T. M.*)

Nous avons donné la durée de chaque saison en révolutions sidérales. Nous donnerons aussi cette durée, exprimée en jours solaires moyens, et le temps que le soleil met à parcourir chaque signe du zodiaque.

♈	$30^{\text{j.}}$	$12^{\text{h.}}$	$26',8$	♎	$30^{\text{j.}}$	$8^{\text{h.}}$	$12',5$
♉	21	0	19 ,6	♏	20	20	25 ,6
♊	31	8	54 ,5	♐	29	12	25 ,8
Print.	$92^{\text{j.}}$	$21^{\text{h.}}$	$20',9$	Aut.	$89^{\text{j.}}$	$17^{\text{h.}}$	$1',6$

♋	$31^{\text{j.}}$	$10^{\text{h.}}$	$53',8$	♑	$29^{\text{j.}}$	$10^{\text{h.}}$	$22',1$
♌	31	6	54	♒	29	14	40 ,8
♍	50	20	44 ,1	♓	50	0	11 ,8
Été.	$95^{\text{j.}}$	$14^{\text{h.}}$	$11',8$	Hiver.	$89^{\text{j.}}$	$1^{\text{h.}}$	$15',8$

Première remarque. Ces résultats, aussi bien que ceux que nous avons donnés plus haut, en révolutions sidérales, se rapportent à l'année 1827. Depuis, le mouvement de la ligne des apsides les a un peu altérés ; mais la différence n'est que d'un petit nombre de minutes.

DEUXIÈME REMARQUE. L'été est la plus longue des quatre saisons, ensuite le printemps, ensuite l'automne, et l'hiver est la plus courte. Ceci tient à la position actuelle de la ligne des apsides ; à ce que le périgée est près du solstice d'hiver, et l'apogée près du solstice d'été. Nous avons dit (n° 85), que la vitesse angulaire du soleil augmente lorsque la distance de cet astre à la terre diminue. Par conséquent, lorsque le soleil est à son périgée ou aux environs de son périgée, sa vitesse angulaire est sensiblement plus grande que lorsqu'il est à son apogée ou aux environs de son apogée.

TROISIÈME REMARQUE. D'après le sens du mouvement de la ligne des apsides, la durée de l'été tend à augmenter, et celle de l'hiver à diminuer, jusqu'à ce que cette ligne passe par les deux points milieux des arcs d'écliptique correspondant à ces deux saisons. Les deux autres saisons tendent vers l'égalité, jusqu'à la même époque.

On appelle *midi vrai*, le moment du passage du soleil vrai au méridien ; et *midi moyen*, le moment du passage de l'astre fictif au méridien. Quelquefois le soleil vrai est en avance sur l'astre fictif ; d'autres fois c'est le contraire. Ces deux astres se confondent quatre fois dans l'année. Si, un jour, ils se confondent au moment même du passage du soleil au méridien, le midi vrai se confond avec le midi moyen, Dans tous les cas, le jour où les deux astres se confondent, il y a fort peu de différence entre le midi vrai et le midi moyen. En 1836, les deux astres se sont confondus le 15 avril, le 15 juin, le 31 août et le 24 décembre ; et ces jours-là, la différence entre le midi vrai et le midi moyen, n'a été que d'un très-petit nombre de secondes. Au contraire, le 11 et le 12 février de la même année, le soleil est passé au méridien 14′ 33″ après le midi du temps moyen; et, les trois premiers jours de novembre de la même année, le soleil est passé au méridien à 11^h· 45′ 43″ ($T.$ $M.$); c'est-à-dire 16′ 17″ après le midi moyen. Cette différence en plus de 14′$\frac{1}{2}$ du temps du midi vrai sur le midi moyen, et cette différence de 16′ en moins, proviennent des petites différences accumulées chaque jour.

Il ne faudrait pas conclure du nombre de minutes qui marquent le retard ou l'avance du midi vrai sur le midi moyen, qu'il existe aussi une grande inégalité entre les jours solaires. Il n'y a qu'environ une demi-minute de différence entre le plus long jour solaire et le jour moyen; et il y a un peu moins d'une demi-minute de différence entre celui-ci et le jour solaire le plus court; si bien que la différence du plus long jour solaire au plus court est moindre qu'une minute.

Les horloges ordinaires marquent le temps moyen; les cadrans solaires marquent le temps vrai. On est cependant parvenu à faire marquer aux cadrans solaires le midi moyen, comme nous le verrons plus tard.

95. On appelle *année sidérale*, l'intervalle de temps écoulé entre le départ du soleil d'un certain point du ciel, et son retour au cercle horaire qui passe par le même point.

On appelle *année équinoxiale*, l'intervalle de temps compris entre le départ du soleil de l'équinoxe du printemps, et son retour au même équinoxe.

Comme le soleil, à l'équinoxe du printemps, revient à un point de l'équateur, placé à 50″, 1 en avant du point de départ, quand l'année équinoxiale est finie, le soleil a encore 50″, 1 d'ascension droite à parcourir, pour atteindre le cercle horaire du départ; et, par conséquent, l'année sidérale est un peu plus longue que l'année équinoxiale. Voici ces deux années exprimées en temps moyens.

Année sidérale . . 365^{j} 6^{h} $9'$ $9''$,6.

Année équinoxiale 365 5 48 49 ,7.

Enfin, on considère quelquefois une troisième année, qu'on appelle *année anomalistique*. C'est le temps écoulé entre le départ du soleil d'un des apsides, par exemple du périgée, et le retour au même apside. Elle doit être plus longue que l'année équinoxiale, puisque la ligne des apsides avance dans le sens des signes; et même plus longue que l'année sidérale, puisque la ligne des apsides avance plus que la ligne des équinoxes ne recule. L'année anomalistique est de 365^{j} 6^{h} $15'$ $53''$, 5.

De toutes ces années, la plus importante à bien fixer, celle qui nous ramènera toujours les saisons aux mêmes époques, est l'année équinoxiale; puisqu'à l'équinoxe du printemps, le soleil entre toujours dans l'hémisphère boréal, et à l'équinoxe d'automne, dans l'hémisphère austral; et que c'est surtout la présence du soleil dans l'un ou dans l'autre hémisphère qui fait la différence des saisons.

94. L'instrument dont on s'est d'abord servi pour connaître l'heure au soleil, est le *gnomon*. C'est un style vertical, placé au soleil sur un plan horizontal. On jugeait de l'heure par la longueur et la direction de l'ombre du style. Pour que cet instrument mesurât le temps avec un peu de précision, il fallait une suite d'observations dont nous omettrons ici les détails, parce que nous avons aujourd'hui beaucoup mieux. Nous nous contenterons d'indiquer le moyen de s'en servir, pour tracer la méridienne, et pour trouver les jours des solstices et ceux des équinoxes.

Supposons un style vertical fixé sur un plan horizontal, et exposé au soleil, et cherchons à déterminer la méridienne qui passe par le pied. L'ombre du style ira toujours en décroissant, depuis le lever du soleil jusqu'à son passage au méridien ; toujours en croissant, depuis le passage du soleil au méridien jusqu'à son coucher : de sorte que la direction de la plus petite ombre, sera la direction de la méridienne.

La question se trouve donc ramenée à trouver la direction de la plus petite ombre. Mais, comme auprès de l'ombre méridienne les longueurs des ombres diffèrent très-peu les unes des autres, il vaudra mieux décrire sur le plan horizontal, la courbe formée par l'ombre du sommet du style pendant la journée, et remarquer que, le cours diurne du soleil étant divisé en deux parties égales par le méridien, la courbe qu'on vient de former est aussi divisée en deux parties symétriques par la méridienne. Alors, du pied du style comme centre, on décrira un cercle qui coupera la courbe en deux points, on joindra ces points avec le centre, on divisera l'angle formé par les deux lignes de jonction en deux parties égales, et on aura la méridienne. Comme on peut faire l'opération une seconde fois, en augmentant ou diminuant le rayon du cercle, il en résulte qu'on aura un moyen de vérifier.

On obtiendra les jours des solstices, en cherchant le jour où le soleil est le plus haut, et celui où il est le plus bas ; ou, ce qui est la même chose, le jour où l'ombre méridienne est la plus courte, et celui où elle est la plus longue. Mais il se présente ici le phénomène qui a fait appeler ces points, solstices ou points solsticiaux. Pendant un assez grand nombre de jours qui précèdent et qui suivent celui du solstice, il y a si peu de différence entre les hauteurs méridiennes du soleil, et par conséquent entre les longueurs des ombres méridiennes du style, qu'il serait difficile de fixer exactement par ce moyen le jour du solstice. C'est pourquoi on emploie un moyen analogue à celui que nous venons de donner pour tracer la méridienne. On remarquera deux jours, l'un avant, l'autre après le solstice , où les ombres méridiennes diffèrent le moins possible l'une de l'autre. On divisera en deux parties égales l'intervalle de temps compris entre ces deux jours, et on aura le jour du solstice. On aurait un moyen de vérifier, analogue à celui que nous avons donné pour vérifier la méridienne.

Pour obtenir le moment précis du solstice , il faudrait tenir compte de la différence des hauteurs aux deux jours d'observation , quelque petite que fût cette différence , et faire un calcul que nous omettrons ici.

Remarque. Ce moyen ne peut donner le solstice que par approximation. Il suppose que la ligne des apsides se confond avec celle des solstices (ce qui avait lieu en 1250 , et n'a plus tout-à-fait lieu aujourd'hui). Mais il est cependant suffisant lorsqu'on ne demande pas l'instant précis , mais seulement le jour du solstice.

Après avoir obtenu les jours des solstices , on cherchera, chacun de ces jours , la hauteur méridienne du soleil ; puis , menant la droite qui divise l'angle des deux rayons visuels menés à ces deux positions en deux parties égales , on a la hauteur méridienne du soleil , lorsqu'il est à l'équateur. La perpendiculaire sur cette droite dans le méridien est l'axe du monde , et le plan perpendiculaire à cette droite est l'équateur sensible.

Pour avoir les deux équinoxes, il faut chercher les jours où le soleil est dans l'équateur , c'est-à-dire dans la position moyenne que nous venons de trouver.

95. Tous les résultats précédents , et ceux que nous obtiendrons dans les numéros suivants, qui traitent du cadran solaire, n'ont pas toute la précision qu'on pourrait désirer ; à cause d'une circonstance qui se présente toujours dans l'observation de l'ombre d'un corps opaque , placé devant un astre

dont le diamètre apparent est aussi considérable que celui du soleil. Si l'on observe avec attention l'ombre d'un corps opaque projetée sur un plan, par exemple l'ombre d'un mur sur un plan horizontal, on verra que la ligne de démarcation, qui sépare la partie éclairée de la partie obscure, n'est pas nettement tracée, et qu'il y a une bande comprise entre ces deux parties, où la lumière est, pour ainsi dire, indécise. Cette bande est *la pénombre*. Elle provient de ce que, entre les points qui voient tout le soleil et ceux qui n'en voient aucune partie, il y a des points qui en voient une partie plus ou moins grande ; et que, par conséquent, la lumière va en se dégradant, depuis les points qui sont tout-à-fait éclairés, jusqu'à ceux qui sont tout-à-fait dans l'ombre.

La pénombre donne la même inexactitude qu'on aurait eue pour la position du soleil dans le ciel, si nous n'avions pas réduit cet astre à un point ; et, pour corriger cette inexactitude, il faudrait avoir recours à un moyen analogue ; c'est-à-dire que, pour avoir à très-peu près la direction du prolongement de la ligne qui va du centre du soleil au sommet du mur, il faudrait diviser la bande qui constitue la pénombre en deux parties égales. Mais ici la correction est plus difficile, parce qu'on ne peut pas voir où commence et où finit la pénombre. C'est là ce qui ôte la précision aux opérations où on se sert de l'ombre d'un style.

La pénombre est d'autant plus grande que le corps est plus éloigné de son ombre.

96. Le soleil, comme tous les autres astres, en tournant autour de la terre, passe successivement par tous les méridiens terrestres prolongés jusque dans le ciel. Et, si l'on suppose sur la terre vingt-quatre méridiens équidistants, le soleil, dont la vitesse est sensiblement constante pendant toute la journée, ira d'un méridien au suivant en la vingt-

quatrième partie d'un jour ou en une heure. Maintenant prenons une sphère sur laquelle se trouvent représentés l'équateur et vingt-quatre méridiens équidistants : plaçons cette sphère de manière que son axe soit parallèle à l'axe du monde, et qu'un de ses méridiens soit dans le méridien du lieu de l'observation ; puis fixons la sphère dans cette position. La révolution du soleil autour de cette sphère pourra remplacer sa révolution autour de la terre. Il sera midi, lorsque le soleil sera dans le plan du cercle que nous avons placé dans le méridien ; une heure, quand il sera dans le plan qui suit à l'ouest ; deux heures, lorsqu'il sera dans le plan suivant ; et ainsi de suite. De même, il sera onze heures, quand le soleil sera dans le plan qui précède le plan méridien à l'est ; dix heures, quand il sera dans le plan qui précède ce dernier ; et ainsi de suite. Ces plans s'appellent *plans horaires*. Si l'on voulait que cette sphère marquât les demi-heures, il faudrait tracer quarante-huit plans horaires ; et quatre-vingt-seize, si l'on voulait qu'elle marquât les quart-d'heures.

La sphère que nous venons de fixer pourrait nous servir à connaître l'heure au soleil, s'il était facile de distinguer le plan horaire dans lequel se trouve l'astre à un instant donné ; mais c'est au contraire assez difficile. Nous allons expliquer le moyen de construire un instrument dont cette sphère a donné l'idée, et qui la remplace avec avantage. Cet instrument est le *cadran solaire*.

97. Comme chaque plan horaire est déterminé par l'axe et un point quelconque de ce plan, on a seulement conservé de la sphère l'axe et l'équateur avec ses divisions, et toujours dans la position qu'on leur a donnée. Ensuite on a cherché les traces ou intersections des plans horaires sur un plan placé derrière l'axe par rapport au soleil. Ce plan est *le plan du cadran*, et les traces des plans horaires avec ce plan sont

les lignes horaires. Nous allons donner le moyen de construire ces lignes.

Si l'axe rencontre le plan du cadran (ce qui arrive le plus souvent), on aura un point commun à toutes les lignes horaires. Pour avoir un autre point de chacune de ces lignes, on joindra un point quelconque de l'axe avec les points de division de l'équateur, on prolongera les droites de jonction jusqu'à leur rencontre avec le plan du cadran, et on aura un second point. Avec deux points de chaque ligne horaire, il ne sera pas difficile de les tracer.

Si le plan était parallèle à l'axe, ou s'il était rencontré par l'axe à une trop grande distance, on construirait deux points de chaque ligne horaire absolument de la même manière qu'on a construit un point de chacune.

Lorsque les lignes horaires sont tracées, on écrit sur chacune l'heure qu'il est, quand le soleil est dans le cercle horaire correspondant; midi, sur la ligne horaire correspondant au méridien, et ainsi des autres. La ligne horaire déterminée par le plan méridien s'appelle *méridienne*, quand même le plan du cadran ne serait pas horizontal.

Maintenant, comme chaque plan horaire est aussi déterminé par l'axe et la ligne horaire correspondante, on peut supprimer le cercle qui représente l'équateur, et c'est ce qu'on fait ordinairement; de sorte que le cadran ne se compose plus que d'un style parallèle à l'axe terrestre, fixé à un plan, et de ce plan sur lequel se trouvent tracées toutes les lignes horaires et les heures corespondant à chacune. Le cadran solaire ainsi réduit, rien ne sera plus facile que de reconnaître l'heure qu'il est; car l'ombre du style indiquera dans quel plan horaire se trouve le soleil, et marquera les heures.

98. Tous les cadrans solaires sont compris dans celui que

nous venons de décrire. Nous parlerons cependant du *cadran équatorial*, dont la construction est beaucoup plus facile que celle des autres. Dans ce cadran, le plan où se projette l'ombre du style est le plan même de l'équateur, ou du moins un plan parallèle à l'équateur, que nous avons appelé équateur sensible. Il est évident que, pour avoir les lignes horaires, il suffit, en supposant toujours conservés l'axe, l'équateur et ses divisions, de joindre les points de division de l'équateur avec le pied de l'axe et de prolonger ces droites.

Quand le soleil est dans les six premiers signes, il est plus haut que l'équateur, et l'ombre du style marque les heures en dessus. Quand le soleil est dans les six derniers signes, il est plus bas que l'équateur, et le style marque les heures par-dessous. C'est ce qui a fait appeler ce cadran, *cadran équatorial à deux faces*. Les deux jours d'équinoxe, le soleil est dans l'équateur, et le cadran n'est éclairé d'aucun côté. Pour avoir l'heure ces jours-là, il faut avoir soin de mettre un rebord au cadran, du côté où se trouve l'ombre, pour la recevoir et juger où elle doit être sur le cadran.

Voici le moyen qu'indique M. Francœur pour former un cadran sur un plan quelconque à l'aide d'un cadran équatorial. Après avoir fixé le style dans sa direction sur le plan où vous voulez tracer le cadran solaire, prenez un cadran équatorial, faites coïncider son style avec le prolongement du style de celui que vous voulez construire, et placez le cadran équatorial dans la position qu'il devrait avoir pour marquer les heures. Puis, le soir, avec une bougie, projetez l'ombre du style successivement sur les lignes qui marquent les heures dans le cadran équatorial : les prolongements de ces ombres, sur le plan qui est derrière, sont les lignes horaires cherchées. Cette opération n'est au surplus qu'un moyen assez commode de mener les droites qui déterminent les lignes horaires que nous avons construites dans le numéro précédent.

Les cadrans les plus usités sont, celui *dont le plan est hori-zontal*, et celui *dont le plan est vertical*. Dans le *cadran ho-rizontal*, sur un cercle dont le centre est O (fig. 20), on fixe verticalement une figure plane OAB, dont l'angle o est égal à la hauteur du pôle dans le lieu où l'on veut construire le cadran solaire. On fixe le plan horizontalement, de manière que la ligne OB se confonde avec la méridienne. Alors la ligne OA se trouve dirigée vers l'axe, et il n'y a plus qu'à construire les lignes horaires par le moyen connu.

Pour construire un *cadran vertical*, on choisit, autant que possible, la surface exposée au midi d'un mur perpendi-culaire à la méridienne, afin que ce cadran marque les heures le plus long-temps possible. La construction de ce cadran ne différant en rien de celle des autres, nous allons seulement parler d'une modification qu'on voit presque toujours dans le cadran vertical. On remplace le style par un *petit trou rond* pratiqué à une plaque fixée en avant du mur. Lorsque la plaque est bien fixée, on cherche le point suivant lequel une parallèle à l'axe terrestre qui passerait par *l'ouverture* ren-contrerait le mur, et on a deux points de la droite, autour de laquelle se fait par approximation la révolution diurne du soleil, et qui remplace le style. Cette droite étant détermi-née, on trouve les lignes horaires de la même manière que dans le cadran à style. L'heure est donnée par la position du point éclairé qui se trouve au milieu de l'ombre de la plaque projetée sur le cadran.

99. Quoique la véritable destination du cadran solaire soit de marquer le temps vrai, on est cependant parvenu à lui faire marquer le midi moyen. A l'aide d'une suite d'observa-tions, on a marqué sur le plan du cadran les points où tombe l'ombre du sommet du style, ou l'image du trou, si l'on a employé la modification précédente, chaque jour de l'année,

au midi moyen obtenu par une horloge à pendule ; puis, joignant tous ces points, on a une courbe qu'on appelle *méridienne du temps moyen*. Cette courbe tracée servira pour les années suivantes ; et lorsque l'ombre du sommet du style sera sur cette courbe, il sera midi moyen. Cette courbe a à peu près la forme d'un 8 (fig. 21). Comme l'ombre du sommet du style la rencontre généralement deux fois par jour, on a soin de marquer les mois sur la courbe, afin qu'on puisse savoir à quelle branche doit être le midi moyen. Les mois ont été marqués sur la figure.

La forme de la *méridienne du temps moyen* et sa position relativement à la *méridienne du temps vrai*, qui est la ligne droite tracée sur la figure, font voir qu'il y a quatre jours dans l'année où le midi vrai se confond avec le midi moyen.

Remarque. Dans le cadran solaire il y a trois causes d'inexactitude dont on ne tient pas compte ordinairement, mais que nous devons néanmoins constater. Ce sont : la pénombre du style, la réfraction de la lumière et la parallaxe du soleil. Nous rappellerons que les deux dernières causes agissent en sens inverse l'une de l'autre, et que la parallaxe diminue un peu l'erreur causée par la réfraction.

XVII.

CALENDRIER. — ANNÉE CIVILE, JULIENNE, GRÉGORIENNE.

100. Nous avons dit que l'année astronomique (et c'est ici l'année équinoxiale dont nous voulons parler), ne se compose pas d'un nombre entier de jours, mais de $365^{j}\,5^{h}\,49'$. Si l'on voulait prendre cette année pour l'année civile, en faisant commencer l'année un certain jour à midi, et par

conséquent tous les jours de l'année à midi, l'année suivante et tous les jours de l'année suivante commenceraient à 5 ᵘ· 49′ après midi ; la troisième année et tous les jours de cette troisième année commenceraient à 11 ᵘ· 38′, et ainsi de suite. Ce changement d'heure serait extrêmement incommode. Nous allons exposer comment on fait accorder d'une manière commode l'année civile, toujours composée d'un nombre entier de jours, avec l'année équinoxiale ; puis donner les divisions de l'année civile et les dénominations de ces divisions ; ou, en d'autres termes, faire connaître le *calendrier*.

101. Avant qu'on eût déterminé d'une manière précise la longueur de l'année équinoxiale, on faisait chaque année civile de trois cent soixante-cinq jours ; ce qui faisait une différence de près d'un jour en quatre ans, d'environ vingt-quatre jours par siècle. Cette différence était assez sensible, même pendant la vie d'un homme, pour qu'il pût s'apercevoir, sur la fin de sa carrière, que l'année ne commençait pas avec la même hauteur méridienne du soleil, et que les saisons étaient un peu reculées. Et quelques siècles suffisaient pour que les saisons se trouvassent tout-à-fait renversées. Jules-César fit adopter une intercallation d'un jour tous les quatre ans ; et l'année civile ainsi réformée, s'appelle *année julienne*. Dans cette première réforme du calendrier, il y a trois années de suite de trois cent soixante-cinq jours, et la quatrième de trois cent soixante-six. Les premières s'appellent *années communes*, et la dernière *année bissextile*.

102. La réforme julienne suppose l'année de 365 jours $\frac{1}{4}$; mais elle n'est que de 365 ʲ· 5 ᵘ· 48′ 49″, 7. Ces 11′ 10″ environ, qu'on donnait de trop à l'année, font une erreur d'un jour de plus en cent trente ans, et d'environ trois jours de plus en quatre siècles. Afin de retrancher ces trois jours

par quatre siècles, le pape Grégoire XIII régla en 1582 que, sur quatre siècles consécutifs, la dernière année de chacun des trois premiers qui, suivant la réforme julienne, devait être bissextile, serait commune, la dernière du quatrième restant bissextile. Ainsi, les années 1700, 1800, 1900 sont des années communes, et l'année 2000 est une année bissextile. Comme cette réforme n'est, ainsi que la réforme julienne, qu'approximative, la suite des siècles y amènera quelque irrégularité, mais ces erreurs ne pourront être sensibles qu'après un grand nombre de siècles.

105. Quoiqu'il soit plus rationnel de commencer l'année civile à un solstice ou à un équinoxe, elle ne commence cependant à aucune de ces deux époques, mais environ dix jours après le solstice d'hiver, et soixante-dix-neuf jours avant l'équinoxe du printemps. L'année 525 de l'ère chrétienne, qui est l'année du concile de Nicée, l'équinoxe du printemps avait eu lieu le quatre-vingtième jour de l'année ; et c'est parce qu'en 1582 l'équinoxe avait lieu le soixante-dixième que Grégoire XIII établit la réforme. De plus, pour que l'année commençât à la même distance de l'équinoxe qu'en 525, il fit supprimer dix jours de l'année 1582. Ce sont les dix jours qui suivent le 4 octobre ; de sorte que le lendemain du 4 octobre 1582 s'est appelé le 15 octobre.

Tous les peuples chrétiens ont adopté cette suppression, aussi bien que la réforme grégorienne, à l'exception des Russes. Aussi cette nation est-elle pour les dates en arrière des autres de dix jours, plus les deux jours qu'elle a donnés de plus aux années 1700 et 1800; ce qui fait en tout douze jours.

En 1792, on avait fait commencer l'année en France à l'équinoxe d'automne. Elle se composait de douze mois de trente jours chacun, plus cinq jours les années communes, et six jours les années bissextiles. Ces cinq ou six jours avaient été mis à la fin et étaient appelés *jours complémentaires*. Ce calendrier, appelé *calendrier républicain*, n'a été en usage que pendant douze à treize ans. Il avait surtout l'inconvénient de n'avoir point été adopté par les peuples avec lesquels nous sommes en relation.

104. Nous allons donner le calendrier dont se servent toutes les nations chrétiennes, et qui est en usage depuis bien long-temps. Nous passerons seulement un peu rapidement sur ce qui est connu de tout le monde.

L'année civile et tous les jours de l'année commencent à minuit, c'est-à-dire à douze heures d'intervalle du passage du soleil au méridien.

Ce qui fixe le premier jour de l'année, c'est que l'équinoxe du printemps, au moyen de l'intercallation julienne et de la réforme grégorienne, tombe toujours le soixante-dix-neuvième ou le quatre-vingtième jour de l'année.

Elle est composée de douze mois qui sont :

Janvier	31 j.		Juillet . .	31 j.
Février	28	les années communes.	Août . . .	31
	29	les années bissextiles.	Septembre	30
Mars .	31		Octobre. .	31
Avril. .	30		Novembre	30
Mai . .	31		Décembre	31
Juin. .	30			

Ce qui fait trois cent soixante-cinq jours les années communes, et trois cent soixante-six les années bissextiles.

105. Nous n'énoncerons pas les sept jours de la semaine que tout le monde connaît. Nous ferons seulement remarquer que les noms des six premiers sont tirés de la lune, et des cinq planètes le plus anciennement connues, qui sont : Mars,

Mercure, Jupiter, Vénus et Saturne, et que le dimanche, qui, dans l'origine, était le jour du soleil, est depuis bien long-temps le jour consacré au Seigneur.

Comme cinquante-deux fois sept font trois cent soixante-quatre, il y a cinquante-deux semaines plus un jour dans une année commune, et plus deux jours dans une année bissextile : de manière que les années communes finissent toujours par le même jour qu'elles ont commencé, et les années bissextiles par le jour suivant. Lorsque, par exemple, une année commence par un mardi, elle finit par un mardi ou par un mercredi, suivant qu'elle est commune ou bissextile ; et par conséquent l'année suivante commence par un mercredi ou un jeudi.

106. Si toutes les années étaient communes, au bout de sept ans, on aurait avancé de sept jours et on retomberait sur le même jour de la semaine. Mais, à cause des années bissextiles, les jours avancent de cinq rangs en quatre ans, et de trente-cinq rangs en vingt-huit ans ; c'est-à-dire qu'après vingt-huit ans, les années recommencent toujours par le même jour de la semaine. Cette période de vingt-huit ans est connue sous le nom de *cycle solaire*. Elle suppose une année bissextile tous les quatre ans. Par conséquent elle est interrompue quand arrive une année séculaire commune ; mais on corrige cette erreur en prenant la période, qui contient l'année séculaire commune, de vingt-neuf ans.

Le cycle solaire sert à faire trouver le jour de la semaine qui commence une année, même très-éloignée.

Premier exemple. On voudrait savoir par quel jour de la semaine commencera l'année 1896, sachant que l'année 1837 a commencé par un dimanche, je divise 59, différence entre 1896 et 1837, par 28 : j'ai pour quotient 2, et pour reste 3. Après deux fois 28 ou 56 ans, l'année 1893 commencera par un dimanche, l'année 1894 par un lundi, 1895 par un mardi, et 1896 par un mercredi. Si le reste avait été plus considérable, j'aurais ajouté 5 jours par chaque fois que 4 aurait été contenu dans le reste. S'il y avait eu une année bissextile entre 1893 et 1896, elle aurait compté double.

Deuxième exemple. On voudrait savoir par quel jour de la semaine commencera l'année 2169, sachant toujours que l'année 1837 a commencé par un dimanche. Entre 1837 et 2169, il y a deux années séculaires communes et une bissextile, je ne fais pas attention à l'année bissextile, et je retranche 2 de 332, différence entre 2169 et 1837. Je divise le reste 330 par 28 : j'ai pour quotient 11, et pour reste 22. Après 11 fois 28 ans, l'année commence encore par un dimanche, puisqu'on a tenu compte des deux années séculaires communes. Il reste encore 22 ans. Pendant les 20 premières années, les jours avanceront de vingt-cinq rangs, et pendant les deux dernières, parmi lesquelles il se trouve l'année bissextile 2168, ils avanceront de trois rangs, en tout vingt-huit rangs ; et, comme 28 est divisible par 7, il en résulte que le 1ᵉʳ janvier 2169 sera un dimanche.

On trouverait d'une manière analogue quel jour de la semaine a été le 1ᵉʳ janvier d'une année antérieure quelconque.

Le 1ᵉʳ janvier d'une année étant trouvé, il ne sera pas difficile d'obtenir le jour de la semaine d'une date quelconque de cette année. Je me dispenserai de donner une opération que chacun sait faire avec plus ou moins de célérité.

On donne des numéros d'ordre aux années successives de la période de vingt-huit ans ou cycle solaire. La période a commencé en 1812, ou, ce qui est la même chose, l'année

1812 avait le n° 1 , l'année 1815 le n° 2, et l'année 1837 a le
n° 26. La période recommencera en 1840. Le numéro d'ordre du cycle solaire est ordinairement marqué dans les calendriers.

107. Dans quelques calendriers, on marque aussi le premier jour de l'année de la lettre A, le second de la lettre B,
et ainsi de suite...., le septième de la lettre G; puis en re-
prenant, le huitième de la lettre A, le neuvième de la lettre
B, et ainsi des autres; puis on met à la suite des nombres
qui indiquent la date, les jours de la semaine qui conviennent
à l'année présente. La lettre qui se trouve devant le dimanche
s'appelle *lettre dominicale*. Dans les années communes, cette
lettre se trouve devant tous les dimanches de l'année; mais
dans les années bissextiles on ne met pas de lettre devant le
29 février, bien qu'on mette un jour de la semaine à la suite;
de sorte que, dans les dix derniers mois, la lettre dominicale
se trouve reculée d'un rang, et que, par exemple, si pour les
deux premiers la lettre dominicale est C, pour les dix autres
elle est B. La lettre dominicale recule d'un rang d'une année
commune à la suivante, et de deux rangs d'une année bissextile à la suivante.

A l'aide de cette observation, on trouvera facilement la
lettre dominicale d'une année, connaissant la lettre dominicale de l'année présente ou d'une autre année quelconque
antérieure ou postérieure. On aurait à faire une opération
analogue à celle du numéro précédent et que nous ne répéterons pas; et, connaissant la lettre dominicale d'une année,
il ne sera pas difficile de connaître le premier jour de cette
année. C'est même ordinairement de cette manière qu'on
résout le problème; mais j'ai préféré le résoudre directement.

Dans les nouveaux calendriers on voit peu les lettres A,
B, C, D... devant les jours de la semaine; mais la lettre do-

minicale ou les lettres dominicales, si l'année est bissextile,
y sont toujours indiquées.

108. Pour expliquer le nombre d'or et l'épacte qu'on voit
indiqués dans tous les calendriers, nous sommes obligés de
donner sur le mouvement de la lune un résultat que nous
n'obtiendrons que dans le chapitre suivant. On verra dans
ce chapitre que, si à un instant donné, le soleil et la lune ont
même longitude céleste, ces deux astres auront encore même
longitude après 29^j,53. L'instant où ces deux astres ont
même longitude, s'appelle une *conjonction ;* et l'intervalle
de temps, compris entre deux conjonctions, s'appelle une
lunaison. Ainsi, la lunaison est de 29^j,53. Comme l'année
équinoxiale contient 365^j,24, un calcul facile donne pour
l'année 12 lunaisons plus 10^j,88, et pour 19 années 235
lunaisons, avec une assez grande approximation.

Cela posé, si le soleil et la lune sont en conjonction au
commencement d'une année, au commencement de l'année
suivante, il y aura 10^j,88 que la lunaison est commencée ; au
commencement de la troisième année, il y aura 21^j,76; au
commencement de la quatrième 32^j,64; ou, en retranchant
29^j,52, qui est le temps d'une lunaison, il y aura seulement
3^j,11 que la dernière lunaison est commencée... Enfin,
après dix-neuf ans, ou au commencement de la vingtième
année, les deux cent trente-cinq lunaisons sont écoulées, et
tout revient de la même manière.

Le numéro d'ordre dans la période de dix-neuf ans, que
nous venons de considérer, s'appelle *nombre d'or*.

Ensuite, en faisant un calcul d'approximation dans lequel
on suppose que, chaque année, l'âge de la lune augmente
de onze jours, et que la lunaison soit de trente jours, ce qui
reste, en ajoutant onze, chaque année, à l'âge de la lune de

l'année précédente, et en retranchant trente à mesure que ce nombre se présente dans le résultat, s'appelle *épacte*.

Voici les épactes qui correspondent aux nombres d'or depuis le n° 1 jusqu'au n° 19 :

NOMBRES D'OR.	ÉPACTES.	NOMBRES D'OR.	ÉPACTES.
1		11	XX.
2	XI.	12	I.
3	XXII.	13	XII.
4	III.	14	XXIII.
5	XIV.	15	IV.
6	XXV.	16	XV.
7	VI.	17	XXVI.
8	XVII.	18	VII.
9	XXVIII.	19	XVIII.
10	IX.		

Si l'on ajoute 11 à l'épacte correspondant au nombre d'or 19, c'est-à-dire au nombre 18, on ne trouve que 29; mais on opère comme si l'on avait 30, et l'épacte de la vingtième année, comme celle de la première, est 0. Cette erreur d'un jour en moins qu'on trouve à la fin de la dix-neuvième année, provient des petites erreurs accumulées dans le calcul d'approximation.

La période commence l'année qui précède l'ere chrétienne.

En 1837, le nombre d'or est 14 et l'épacte XXIII. La période recommencera en 1843; c'est-à-dire que le nombre d'or de l'année 1843 sera 1.

109. Pour compléter ce qui est relatif au calendrier, nous

devons parler des différentes fêtes de l'année. Elles se divisent en *fêtes fixes* et *fêtes mobiles*.

Il suffit d'ouvrir le calendrier pour y voir que :

La Circoncision tombe le 1er janvier.

L'Épiphanie. . . . . . le 6   *idem.*

La Purification. . . . le 2 février.

La St.-Philippe. . . . le 1er mai.

La St.-Jean . . . . . le 24 juin.

L'Assomption. . . . . le 15 août.

La Toussaint . . . . . le 1er novembre.

Noël . . . . le 25 décembre.

110. Les fêtes mobiles dépendent toutes de la date du jour de *Pâques.*

D'après les décisions de l'église, le jour de Pâques tombe le dimanche d'après la pleine lune qui suit l'équinoxe du printemps. Cet équinoxe arrive toujours le 20 ou le 21 mars.

Si la pleine lune, trouvée d'après l'épacte, tombait le 21 mars, et que le 21 mars fût un samedi, Pâques serait le lendemain, c'est-à-dire le 22 mars. C'est le plutôt que Pâques puisse arriver. Ceci a eu lieu en 1818. Si le 21 avait été un dimanche, Pâques aurait été le dimanche suivant.

Si la pleine lune avait lieu le 20 mars, Pâques se trouverait le dimanche après la pleine lune suivante, c'est-à-dire le dimanche qui suit le 18 avril ; et si ce jour est un dimanche, Pâques est reporté au dimanche suivant 25 avril : c'est le plus tard que Pâques puisse arriver. Ceci aura lieu en 1886. Ainsi, le jour de Pâques tombe toujours entre le 21 mars et le 26 avril.

Une fois Pâques fixé, il sera facile d'en déduire toutes les autres fêtes mobiles, en se servant des observations suivantes :

Le *mercredi des cendres*, le premier jour du *carême*, est le mercredi qui précède le sixième dimanche avant Pâques.

Le dimanche qui précède Pâques est *le dimanche des rameaux*. Celui d'avant est le *dimanche de la Passion*. Le dimanche d'après Pâques est celui *de la Quasimodo*.

Le septième dimanche après Pâques est *le jour de la Pentecôte*. Le jeudi qui précède la Pentecôte de dix jours est le jour de *l'Ascension*. Le dimanche d'après la Pentecôte est *la Trinité*. *La Fête-Dieu* est le jeudi qui suit la Trinité.

L'Annonciation est le 25 mars, quand Pâques tombe après le 2 avril ; et, quand Pâques tombe le 2 avril ou avant ce jour, elle est remise au lendemain de la Quasimodo.

Les fêtes conservées par le concordat sont : *tous les dimanches*, *Noël*, *la Toussaint*, *l'Assomption* et *l'Ascension*. Le lundi de Pâques et celui de la Pentecôte, qui ne sont pas fêtes conservées, sont cependant fêtés presque partout : il en est de même du premier jour de l'an et du jour de la St.-Philippe ; mais ces deux dernières sont plutôt des fêtes civiles que religieuses.

Réflexions sur le mouvement propre du soleil.

111. Nous avons dit que le soleil tourne autour de la terre en 365 jours $\frac{1}{4}$ environ, dans une courbe que nous avons appelée l'écliptique. Mais on conçoit que si c'était la terre qui tournât autour du soleil dans le même sens, c'est-à-dire toujours dans le sens des signes, les mêmes effets se présenteraient à nos yeux; et nous répéterons à peu près ici ce que nous avons dit pour le mouvement diurne : que nous avons à choisir entre deux hypothèses, ou que le soleil tourne autour de la terre, ou que c'est la terre qui tourne autour du soleil. Seulement, dans cette dernière hypothèse, lorsque le soleil paraît entrer dans un signe du zodiaque, il faudrait admettre que c'est la terre qui entre dans le signe opposé ; c'est-à-dire qu'à l'équinoxe du printemps, la terre entre dans le signe de la balance; au solstice d'été, dans le signe du capricorne; à l'équinoxe d'automne, dans le signe du bélier; et enfin, au solstice d'hiver, dans le signe du cancer.

Ici ce n'est pas seulement parce que nous ne ressentons pas le mouvement, que nous sommes portés à croire que la terre est immobile, et que le soleil tourne autour de nous. Il y a une autre raison qui a pu faire adopter cette opinion ;

c'est que, si la terre tourne autour du soleil, supposé fixe, nous devons, à une certaine époque de l'année, nous rapprocher de certaines constellations; et à une autre époque, nous en éloigner; et que, par conséquent, à la première époque, les étoiles de ces constellations, vues de plus près, doivent nous paraître plus éloignées les unes des autres qu'à la seconde époque. Ce qui est contraire à l'observation; puisque nous les voyons toujours à la même distance les unes des autres.

Cependant, nous verrons plus tard que c'est aussi la terre qui fait le mouvement annuel autour du soleil, et que l'orbite de la terre ou l'écliptique est une ellipse dont le soleil occupe un des foyers. Quant à l'invariabilité que nous remarquons dans la position relative des étoiles, elle tient à l'immense éloignement de ces astres, relativement à la plus grande distance de deux points de l'orbite de la terre; mais les deux hypothèses s'accordent également avec tous les phénomènes que nous avons vus jusqu'ici; et, pour la facilité de l'explication, nous continuerons de dire : le mouvement annuel du soleil, comme le mouvement diurne des astres, autant, du moins, que cette hypothèse nous paraîtra plus commode.

Du reste, le soleil a réellement un mouvement qui lui est propre. En observant les taches de cet astre, on a remarqué que ces taches disparaissent et se reproduisent périodiquement; et, en suivant avec attention leur mouvement, on a trouvé que le soleil tourne autour d'un axe en 25 jours $\frac{1}{2}$. Son équateur ou le plan perpendiculaire à son axe, est incliné sur le plan de l'écliptique d'environ $7°\frac{1}{2}$.

REMARQUE. La rotation du soleil qu'on vient de remarquer, est déjà une analogie en faveur de l'hypothèse du mouvement de rotation de la terre autour de son axe. Nous en verrons plusieurs autres dans le chapitre 5, qui traite des planètes.

Nous y verrons aussi des analogies en faveur du mouvement
de révolution de la terre autour du soleil, et des raisons pour
admettre plutôt cette hypothèse que l'hypothèse contraire.

Problêmes de cosmographie

A RÉSOUDRE.

Premier problème. Trouver le nombre de degrés d'un arc ou d'un angle donné, et construire réciproquement un angle d'un nombre de degrés déterminé : ou, en d'autres termes, donner le moyen de se servir du rapporteur.

Deuxième problème. Sachant que l'année se compose de 366 révolutions sidérales $\frac{1}{4}$, et de 365 jours moyens $\frac{1}{4}$, donner le moyen de convertir un certain nombre de révolutions sidérales en jours moyens et réciproquement.

Ex. Combien 34$^{\text{r. s.}}$ 5$^{\text{h.}}$ 46$'$ valent-elles de jours moyens?

Combien 52$^{\text{j.}}$ 15$^{\text{h.}}$ 28$'$ valent-ils de révolutions sidérales ?

Troisième problème. Une étoile est passée au méridien un jour de l'année à minuit ($T.\ M.$) : après 48 révolutions solaires, cette étoile passe encore au méridien, on demande l'heure qu'il est ($T.\ M.$)?

Quatrième problème. Une étoile passe au méridien 2^{h} 40$'$ ($T.\ S.$) après une autre étoile : on demande la différence de leurs ascensions droites, ou, ce qui est la même chose, leur distance horaire.

Cinquième problème. Une étoile passe au méridien d'un lieu 1 heure $\frac{1}{2}$ ($T.\ S.$) après être passée au méridien d'un autre lieu : on demande la différence des longitudes des deux lieux.

Sixième problème. De deux lieux différents on aperçoit un phénomène qui a lieu à un instant unique : la différence des heures dans ces deux lieux est 1 ^{h} 20′ ($T.\ S.$) : on demande la différence des longitudes de ces lieux.

Que faudrait-il faire dans les trois problèmes précédents, si la différence des heures était donnée en temps solaire moyen ?

Septième problème. Après combien d'années l'équinoxe du printemps se fera-t-il à six degrés à l'ouest du point où il a lieu actuellement ?

Huitième problème. Trouver la latitude d'un lieu sachant que l'étoile qui passe au zénith, a son passage inférieur à l'horizon. — Sachant qu'elle a son passage inférieur à une distance donnée de l'horizon.

Neuvième problème. Connaissant la latitude d'un lieu, trouver la déclinaison de l'étoile qui passe au zénith. — De l'étoile qui a son passage inférieur à l'horizon.

Dixième problème. Connaissant la latitude d'un lieu, trouver la déclinaison australe des étoiles qui se succèdent au point sud de l'horizon.

Cas particuliers. On supposera successivement le lieu sur l'équateur terrestre, sur le tropique du cancer, sur le cercle polaire arctique et au pôle boréal.

Onzième problème. Trouver dans la sphère céleste le parallèle dont les points passent successivement au nadir du lieu, ou au zénith des antipodes.

Douzième problème. Déduire , de la hauteur méridienne d'une étoile dont on connaît la déclinaison , la latitude du lieu.

Treizième problème. Expliquer pourquoi le soleil paraît oblong à son lever et à son coucher.

Quatorzième problème. Connaissant trois positions qu'une étoile a prises dans son mouvement diurne , trouver la direction de l'axe du monde, et en déduire la méridienne.

Considérer le cas où les trois rayons visuels , menés aux trois positions, sont dans un même plan.

Quinzième problème. Une sphère représentant la terre et un point, à une certaine distance de cette sphère, représentant un astre , étant donnés , indiquer le moyen de tracer sur la surface de la sphère la ligne de démarcation , entre les points qui voient l'astre et ceux qui ne le voient pas.

Supposer l'astre à une distance infinie.

Supposer l'astre sphérique et d'une certaine étendue, et résoudre le même problème , en indiquant la portion du globe qui reçoit la pénombre.

(On n'aura pas égard à la réfraction.)

Seizième problème. Indiquer les lieux de la terre où les parallèles décrits par les astres sont dans des plans perpendiculaires à l'horizon, ceux où ces parallèles sont obliques à l'horizon, ceux, enfin, où ils sont parallèles à l'horizon ; ou, en d'autres termes , indiquer les lieux qui ont la sphère droite, la sphère oblique , la sphère parallèle.

Dix-septième problème. Conclure de la latitude d'un lieu la hauteur méridienne du soleil, les jours des équinoxes , le jour du solstice d'été, et celui du solstice d'hiver : et réciproquement.

Dix-huitième problème. Trouver par une construction géométrique le rapport du rayon du parallèle céleste, décrit

8

par une étoile dont on a la déclinaison, au rayon de la sphère céleste.

Dix-neuvième problème. Trouver par une construction géométrique les deux arcs qui représentent les portions de parallèles décrites au-dessus et au-dessous de l'horizon d'un lieu dont on a la latitude, par une étoile dont la déclinaison est connue ; et, au moyen du rapporteur, trouver le temps sidéral que cette étoile met à parcourir chacun de ces deux arcs ; puis le temps solaire moyen.

Résoudre le même problème pour le soleil un certain jour de l'année, connaissant sa hauteur méridienne ce jour-là.

Prendre pour cas particulier les jours des solstices, afin d'en déduire le plus long et le plus court jour de l'année.

Vingtième problème. Connaissant la longueur du jour au solstice d'été ou au solstice d'hiver dans un lieu, trouver par une construction géométrique la hauteur méridienne du soleil ; et, au moyen du problème précédent, trouver la latitude du lieu.

Vingt-unième problème. Trouver la latitude du parallèle terrestre qui divise la surface de l'hémisphère boréal en deux parties équivalentes.

Vingt-deuxième problème. Un style vertical étant placé au soleil au-dessus d'un plan horizontal, on connaît la longueur du style, la hauteur du ceintre du soleil et le diamètre apparent de cet astre le jour de l'observation ; et on propose de trouver par une construction géométrique la grandeur de la pénombre.

Les problèmes suivants exigeant plus de connaissances mathématiques, le lecteur qui ne connaîtrait ni la géométrie descriptive, ni la trigonométrie sphérique, ni les propriétés des sections coniques, ne doit pas chercher à les résoudre.

Vingt-troisième problème. Un point étant placé entre le soleil et un plan, de manière que ce point projette son ombre sur le plan, on demande la ligne formée par l'ensemble de toutes les projections des ombres de ce point sur le plan : 1º les jours des équinoxes ; 2º un autre jour quelconque de l'année.

On considérera le soleil comme réduit à un point qui est son centre.

On appelle *azimut* d'un astre l'angle que le rayon visuel mené au lever et au coucher de cet astre fait avec la méridienne, et *amplitude* l'angle que l'un de ces rayons visuels fait avec la ligne de l'est à l'ouest.

Vingt-quatrième problème. Connaissant l'azimut ou l'amplitude d'une étoile, et la latitude du lieu de l'observation, trouver la déclinaison de l'étoile.

Vingt-cinquième problème. Les longitudes et latitudes de deux points de la terre étant connues, trouver la distance de ces deux points.

Vingt-sixième problème. Connaissant la distance de deux points, la longitude et la latitude de l'un d'eux, et seulement la longitude de l'autre, trouver sa latitude.

Deux solutions au problème.

Vingt-septième problème. Connaissant les latitudes de deux lieux et leur distance, trouver la différence de leurs longitudes.

Vingt-huitième problème. Connaissant l'ascension droite et la déclinaison de deux étoiles, trouver l'ascension droite et la déclinaison d'une troisième étoile dont on connaît la distance aux deux premières.

Vingt-neuvième problème. En supposant la terre parfaitement sphérique et son rayon de 1452 lieues, trouver la surface de la zône torride, de chacune des deux zônes tempérées et de chacune des deux zônes glaciales.

TRENTIÈME PROBLÈME. On suppose une station dont on connaît l'élévation au-dessus du niveau des mers. On mesure de cette station l'angle que le rayon visuel mené à l'extrémité de l'horizon fait avec la verticale, et on propose de calculer le rayon de la terre en la supposant parfaitement sphérique, et en n'ayant pas égard à la réfraction que subit le rayon visuel.

Résoudre le même problème, en connaissant la différence des hauteurs de deux stations et les angles formés par chaque rayon visuel mené à l'horizon et la verticale.

Ces deux problèmes peuvent être résolus par une construction géométrique ou en employant le calcul trigonométrique.

Dans la seconde partie nous résoudrons quelques-uns des problèmes dont nous venons de donner les énoncés. Nous y joindrons aussi quelques notes explicatives sur la construction des cartes géographiques exposée dans le n° 50.

TABLE DES MATIÈRES.

N. B. Les titres de nos chapitres et de nos paragraphes sont ceux du programme de l'Université. La table des matières que nous joignons ici et que nous ne saurions trop recommander de suivre, en étudiant ce cours, n'est que le résumé du texte ou des réponses au programme.

V.

CHAPITRE SECOND.

DE LA TERRE.

VI.

VII.

VIII.

IX.

X.

CHAPITRE TROISIÈME.

DU SOLEIL.

XI.

XII.

XIII.

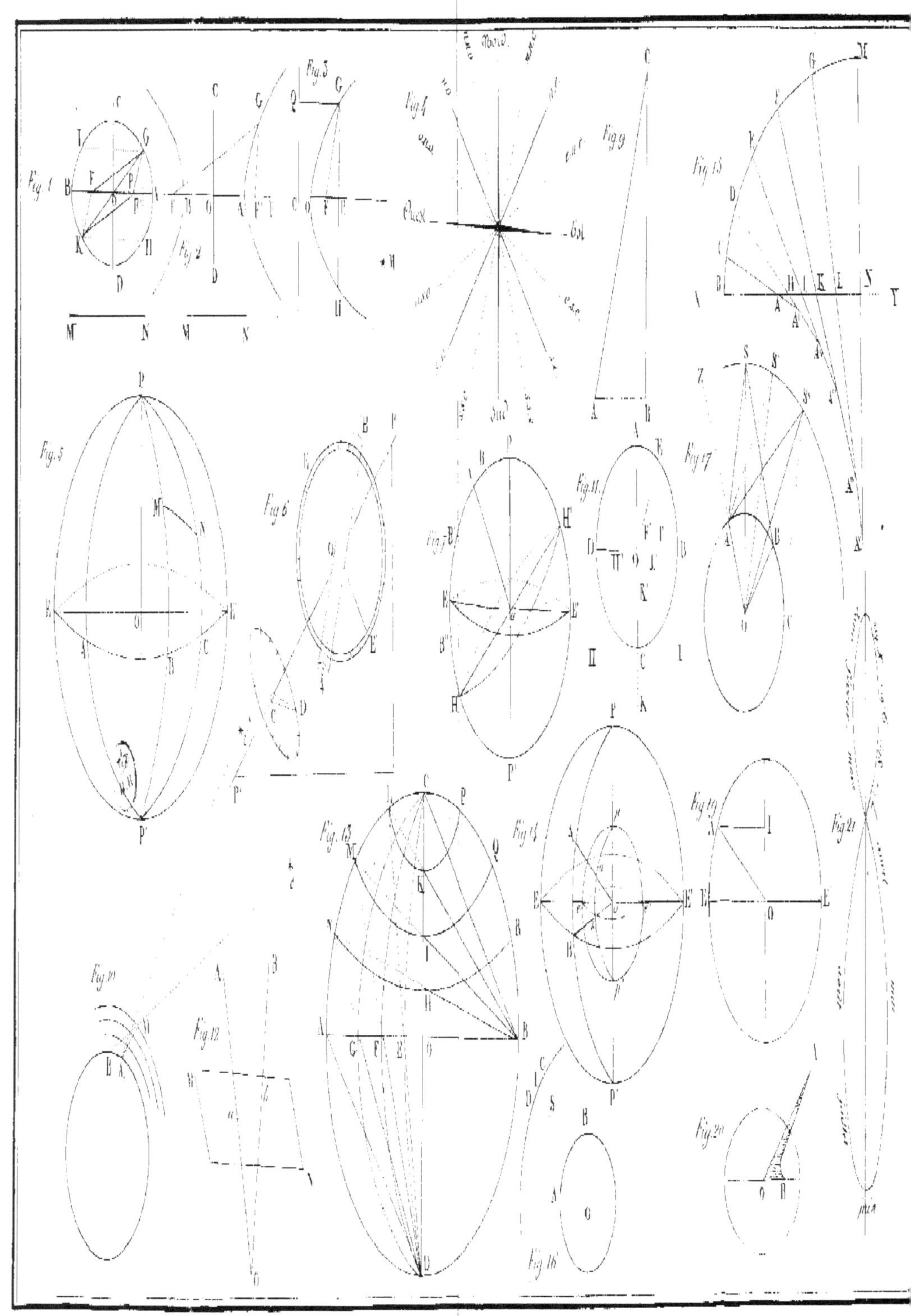

Fig. 1
Fig. 2
Fig. 3
Fig. 4
Fig. 5
Fig. 6
Fig. 7
Fig. 8
Fig. 9
Fig. 10
Fig. 11
Fig. 12
Fig. 13
Fig. 14
Fig. 15
Fig. 16
Fig. 17
Fig. 18
Fig. 19
Fig. 20
Fig. 21

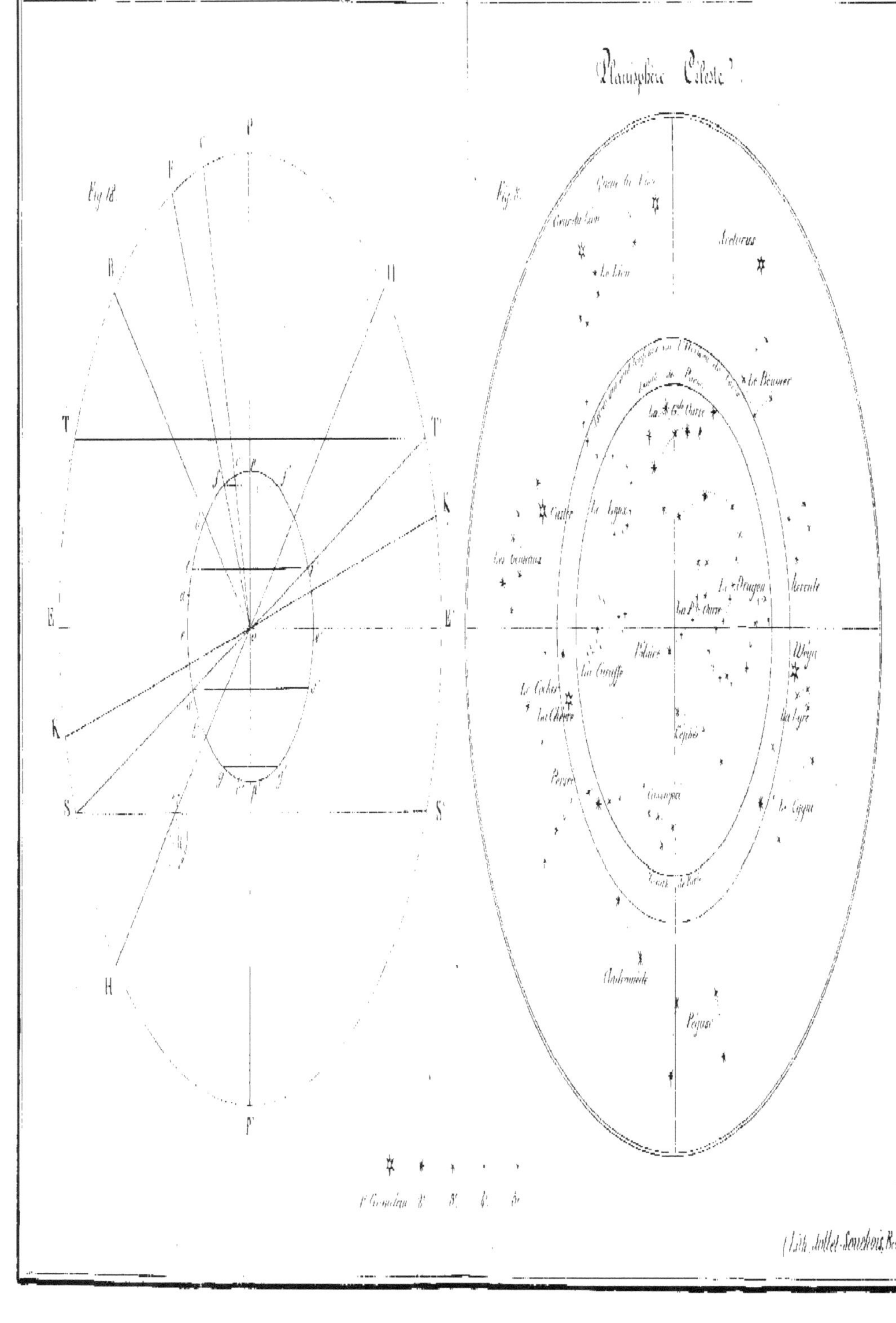

Planisphère Céleste
Fig. 18.
Fig. 2.
P
T T'
E E'
S S'
H
P'
B
K
Cœur du Lion
Queue du Lion
Le Lion
Arcturus
Route du Pôle
Le Bouvier
La Gde Ourse
Castor et Pollux
Les Gémeaux
Le Dragon
Hercule
La Pte Ourse
Polaire
Véga
Le Cocher
La Chèvre
La Girafe
Céphée
La Lyre
Persée
Cassiopée
Le Cygne
Queue de Paon
Andromède
Pégase
1re Grandeur 2e 3e 4e 5e
Lith. Jollet-Souchois, Bourg.

www.ingramcontent.com/pod-product-compliance
Lightning Source LLC
LaVergne TN
LVHW020700200726
843508LV00002B/835